8
1973

Faserforschung und Textiltechnik

WISSENSCHAFTLICH-TECHNISCHE ZEITSCHRIFT
FÜR DIE CHEMIEFASER- UND TEXTILINDUSTRIE

AUS DEM INHALT

AKADEMIE-VERLAG BERLIN

Faserforsch. u. Textiltechnik • 24. Jahrg. • Heft 8 • Seiten 309–350 • Berlin im August 1973
FSTXA7 24 (8) 309–350 (1973)
Preis: 15,– M • Sonderpreis DDR: 9,– M

DK 678.674'524'420:66.095.3:532.72:541.127.1

Bonatz, Eckhard, Rafler, Gerald, und *Reinisch, Gerhard*

Zur Kinetik der Polyäthylenterephthalatbildung im offenen System
III. Schichtdickenabhängigkeit der Polykondensationsgeschwindigkeit in einem statischen Polykondensationssystem

Faserforsch. u. Textiltechnik **24** (1973) 8, S. 309—312. 9 Abb., 3 Tab., 10 Lit.

In einem statischen Polykondensationssystem wurde die Schichtdickenabhängigkeit der effektiven Polykondensationsgeschwindigkeit eines niedermolekularen Polyäthylenterephthalats im Schichtdickenbereich 0,09 mm $\leq \sigma \leq$ 9,12 mm ermittelt. Innerhalb des untersuchten Schichtdickenbereichs verläuft die Funktion $1/k_{eff} = f(\sigma)$ linear.

DK 678.674'524'420:66.095.3:547.422:532.72:539.23:541.127.1

Bonatz, Eckhard, Rafler, Gerald, und *Reinisch, Gerhard*

Zur Kinetik der Polyäthylenterephthalatbildung im offenen System
IV. Kinetik und Stofftransport in einem statischen Polykondensationssystem

Faserforsch. u. Textiltechnik **24** (1973) 8, S. 313—316. 6 Abb., 8 Lit.

Die Makrokinetik der Polyäthylenterephthalatbildung wird quantitativ auf der Basis des gemeinsamen Wirkens von Hinreaktion, Glykoltransport und Rückreaktion behandelt. Mit dem die Makrokinetik dieser Polymerbildungsreaktion beschreibenden Geschwindigkeitsgesetz kann aus der Schichtdickenabhängigkeit der effektiven Polykondensationsgeschwindigkeit das Verhältnis von aus der Schmelze abgegebener zu während der Reaktion gebildeter Glykolmenge ermittelt werden. Aus der Abhängigkeit der abgegebenen Glykolmenge von der Glykolkonzentration in der Schmelze wird die Art des Stofftransports für ein statisches Polykondensationssystem interpretiert.

DK 678.674'524'420:66.095.3:547.584'023:542.951.1:543.544.25

Berger, Werner, und *Tuček, Eberhard*

Gaschromatographische Analyse von Veresterungs- und Umesterungsprodukten der Polyäthylenterephthalatherstellung

Faserforsch. u. Textiltechnik **24** (1973) 8, S. 317—321. 4 Abb., 4 Tab., 11 Lit.

Die Arbeit befaßt sich mit der gaschromatographischen Bestimmung von Terephthalsäure und den monomeren Terephthalsäureestern in Polyäthylenterephthalat-Vorkondensaten, die nach dem Direktveresterungs- oder Umesterungsverfahren hergestellt sein können. Vor der gaschromatographischen Analyse werden die zu bestimmenden Verbindungen in schwach-polare Derivate überführt. Mit Hilfe der Analysenmethode wird der Reaktionsverlauf der Umesterung und der Direktveresterung analytisch erfaßt.

DK 541.135 – 126:661.728.84:661.892:54 – 148:541.182.02:539.271.1

Purz, Hans Joachim

Kapillarstrukturen in ionischen Cellulosegelen

Faserforsch. u. Textiltechnik **24** (1973) 8, S. 321—332. 9 Abb., 11 Tab., 12(33) Lit.

Es wird die bei der frontalen Diffusion bestimmter gelbildender Gegenionen in die anionischen Polyelektrolyte Na-Cellulosexanthogenat und Na-Carboxymethylcellulose im Zusammenhang mit der ionotropen Gelbildung entstehende Kapillarstruktur in Abhängigkeit von verschiedenen Parametern untersucht. Die beim PEL Natrium-Cellulosexanthogenat mit Tl- und Zn-Ionen im µm-Bereich auftretende Kapillarstruktur hängt von verschiedenen Versuchsparametern ab und wird durch partielle Dehydratation und Entladung sowie Phasenbildung infolge tropfiger Segregation bei der Gelbildung interpretiert. Die Kapillarstruktur bleibt nach Abspalten der ionischen Gruppen in der Polymermatrix erhalten, so daß durch Variation der Gelbildungsparameter die Möglichkeit eines synthetischen Aufbaus von geordneten Kapillarstrukturen gegeben ist.

DK 678.675'126:66.095.26:678.021.131:541.24:519.25

Mertel, Horst, und *Heilmann, Gerhard*

Der Einfluß der Polymerisationsbedingungen des ε-Caprolactams auf die Verteilung der relativen Molekülmasse des Polycaprolactams. Teil I

Faserforsch. u. Textiltechnik **24** (1973) 8, S. 333—336. 1 Abb., 1 Tab., 33 Lit.

Im vorliegenden ersten Teil dieser Arbeit wurde ein kurzer Überblick über wichtige Veröffentlichungen zur Molmassenverteilung und zu Fraktioniermethoden von PA 6 sowie zu der dabei angewandten Fraktionierung „von oben" gegeben. Es folgen Bemerkungen zur Auswertung der Experimentaldaten und eine Fehlerbetrachtung zur experimentellen Bestimmung der MMV durch Fraktionierung „von oben".

DK 678.675'126:677.494.675'126:536.495:542.929.4:677.017.56:543.226

Dimov, Kiril, Georgiev, Janko, und *Bečev, Christo*

Zur Beschreibung der Wärmebeständigkeit von Polycaproamid und der Wirksamkeit von Thermostabilisatoren mit Hilfe der Differential-Thermoanalyse

Faserforsch. u. Textiltechnik **24** (1973) 8, S. 337—339. 3 Abb., 1 Tab., 3 Lit.

Der Zusammenhang bzw. die Abhängigkeit zwischen Fläche und Höhe des thermooxydativen exothermen Peaks in den Thermogrammen des Polycaproamids (PA 6) und des prozentualen Festigkeitserhaltes der Polycaproamidcordseide nach erfolgter Thermobehandlung wurden untersucht. Dabei wurde auf die Möglichkeit, die Thermobeständigkeit bei Gebrauch des PA 6 je nach der Peakhöhe zu charakterisieren, hingewiesen.

DK 661.728.812.1(620):677.021.122.225:661.728.84:541.938

Abou-State, M. Amine, und *Abd El-Megeid, Fouad F.*

Chemiefaserzellstoffe aus ägyptischen Baumwoll-Linters

Faserforsch. u. Textiltechnik **24** (1973) 8, S. 340—343. 4 Tab., 12 Lit.

Durch hohe Reinheit, offenere und zugänglichere innere Struktur sowie besseres Reaktionsvermögen bei der Xanthogenierung gekennzeichnete Baumwollzellstoffe wurden aus ägyptischen Baumwoll-Linters nach dem Vorhydrolyse-Natron-Verfahren hergestellt. Die mechanische Reinigung ergab eine günstige Herabsetzung des Gehaltes an Asche und Silicium sowie die Entfernung beträchtlicher Mengen von Samen- und Schalenteilchen. Das Vorhydrolyse-Natron-Verfahren erwies sich gegenüber dem Sulfatverfahren als überlegen, insbesondere wenn die Vorhydrolyse und der Aufschluß unter Atmosphärendruck durchgeführt wurden. Weitere Verbesserungen wurden durch Anwendung einer Heißveredlung beim Bleichen oder durch Erhöhung der Hydrolysedauer erzielt.

Die Zeitschrift „Faserforschung und Textiltechnik“ erscheint monatlich in Heften zu 48 Textseiten im Format A 4. Der Preis für das Einzelheft beträgt M 15,— (Sonderpreis für DDR M 9,—), für den Vierteljahrbezug M 45,— (Sonderpreis für DDR M 27,—), zuzügl. Bestellgeld. Die Berechnung erfolgt zu Beginn eines Vierteljahrs für 3 Hefte. Bestellungen aus dem Gebiet der Deutschen Demokratischen Republik an ein Postamt, eine Buchhandlung oder den Verlag, aus der Deutschen Bundesrepublik an eine Buchhandlung oder die Auslieferungsstelle Kunst und Wissen. Erich Bieber, 7 Stuttgart 1, Wilhelmstraße 4—6, aus dem Ausland an eine Importbuchhandlung, den Deutschen Buch-Export und -Import GmbH., 701 Leipzig, Postschließfach 276, oder den Akademie-Verlag GmbH., 108 Berlin, Leipziger Str. 3—4 (Fernruf: 220441; Telex-Nr. 0112020; Postscheckkonto 35021) erbeten. Bestellnummer dieses Heftes: 1014/24/8. Alleinige Anzeigenannahme DEWAG-WERBUNG, 1054 Berlin, Wilhelm-Pieck-Str. 49, und alle DEWAG-Betriebe in den Bezirksstädten der DDR. — Bestellungen in der UdSSR nehmen entgegen: Städtische Abteilungen von „SOJUZPECHATJ“ bzw. Postämter und Postkontore.

Herausgeber und verantwortlich für den Inhalt: Prof. Dr. Dr. Erich Correns, Institut für Polymerenchemie der Akademie der Wissenschaften der DDR, 153 Teltow-Seehof, Fernruf: Teltow 4831; Prof. Dr.-Ing. habil. Wolfgang Bobeth, Institut für Technologie der Fasern der Akademie der Wissenschaften der DDR, 801 Dresden, Hohe Str. 6, Fernruf: 44721; Prof. Dr.-Ing. Hans Böhringer, 682 Rudolstadt; Prof. Dr. Hermann Klare, Prof. Dr. habil. Burkart Philipp und Dr. habil. Christian Ruscher, Institut für Polymerenchemie der Akademie der Wissenschaften der DDR, 153 Teltow-Seehof, Fernruf: Teltow 4831. Schriftleiter: Joachim Brämer und Dipl.-Chem. Ingeborg Ruscher, 153 Teltow-Seehof, Kantstr. 55. Verlag: Akademie-Verlag GmbH. 108 Berlin, Leipziger Str. 3—4. Satz und Druck: Druckhaus „Maxim Gorki“, 74 Altenburg. — Veröffentlicht unter der Lizenznummer 1280 des Presseamtes beim Vorsitzenden des Ministerrates der Deutschen Demokratischen Republik.

Faserforschung und Textiltechnik

WISSENSCHAFTLICH-TECHNISCHE ZEITSCHRIFT FÜR DIE CHEMIEFASER- UND TEXTILINDUSTRIE

Band 24 August 1973 Heft 8

Zur Kinetik der Polyäthylenterephthalatbildung im offenen System

III. Schichtdickenabhängigkeit der Polykondensationsgeschwindigkeit in einem statischen Polykondensationssystem[1])

Eckhard Bonatz, Gerald Rafler und Gerhard Reinisch

Akademie der Wissenschaften der DDR, Institut für Polymerenchemie in Teltow-Seehof, Abt. Polykondensate

DK 678.674'524'420:66.095.3:532.72:541.127.1

In einem statischen Polykondensationssystem wurde die Schichtdickenabhängigkeit der effektiven Polykondensationsgeschwindigkeit eines niedermolekularen Polyäthylenterephthalats im Schichtdickenbereich 0,09 mm $\leqq \sigma \leqq$ 9,12 mm ermittelt. Innerhalb des untersuchten Schichtdickenbereichs verläuft die Funktion $1/k_{eff} = f(\sigma)$ linear.

О кинетике образования полиэтилентерефталата в открытой системе.

III. Зависимость скорости поликонденсации от толщины слоя в статической поликонденсационной системе

Определена зависимость эффективной скорости поликонденсации низкомолекулярного полиэтилентерефталата от толщины слоя (0,09 мм $\leqq \sigma \leqq$ 9,12 мм) в условиях статической поликонденсационной системы. В пределах изученного диапазона толщины слоя зависимость $1/k_{эфф} = f(\sigma)$ носит линейный характер.

On the Kinetics of the Formation of Polyethylene Terephthalate in an Open System.

III. Dependence of the Rate of Polycondensation on the Layer Thickness in a static Polycondensation System

The dependence of the effective rate of polycondensation of a low molecular weight polyethylene terephthalate on the layer thickness varying between 0.09 mm $\leqq \sigma \leqq$ 9,12 mm has been determined in a static polycondensation system. Within these limits the relationship $1/k_{eff} = f(\sigma)$ found to be linear.

1. Einleitung

In [1] haben wir unsere Ergebnisse zur Polykondensation von Bis-(β-hydroxyäthyl)-terephthalat in einem gerührten Polykondensationssystem mitgeteilt. Danach verläuft die metallionenkatalysierte Polyumesterung des Bis-(β-hydroxyäthyl)-terephthalats nach einem Zeitgesetz zweiter Ordnung, wenn Nebenreaktionen, die der eigentlichen Polymerbildungsreaktion überlagert sind, nur in geringem Umfang auftreten. Nebenreaktionen, vor allem thermische Spaltungsreaktionen des Polyäthylenterephthalats unter Polykondensationsbedingungen, konnten wir in diesem Reaktionssystem kinetisch mit relativ großer Empfindlichkeit nachweisen [2].

In dieser dritten Mitteilung sollen die Arbeitsmethodik sowie Experimentalergebnisse über den Einfluß der Schichtdicke auf die Reaktionsgeschwindigkeit der metallionenkatalysierten ($1{,}75 \cdot 10^{-4}$ mol/mol Sb_2O_3 sowie Katalysator-Inhibitor-Kombination: $3 \cdot 10^{-4}$ mol/mol $Mn(ac)_2$, $3 \cdot 10^{-4}$ mol/mol $Sb(ac)_3$, $6 \cdot 10^{-4}$ mol/mol Triphenylphosphat) Polyäthylenterephthalatbildung in einem statischen Reaktionssystem vorgelegt werden. Eine quantitative Behandlung der Makrokinetik der Polyäthylenterephthalatbildung wird in einer folgenden Mitteilung gegeben [3].

2. Experimentelle Methodik

Die Untersuchungen zur Polykondensation von niedermolekularem Polyäthylenterephthalat in statischer dünner Schicht wurden in der in Bild 1 schematisch dargestellten Apparatur ausgeführt. Sie besteht im wesentlichen aus dem Aluminiumheizblock, den Polykondensationsgefäßen und einem Stickstoff-Vakuum-Verteilungssystem, durch das die Polykondensationsgefäße beliebig evakuiert oder mit Stickstoff begast werden konnten. In den Aluminiumheizblock konnten jeweils sechs Polykondensationsgefäße eingesetzt werden. Die Temperaturkonstanz des Heizblocks betrug $\pm$ 0,7 grd. In den Polykondensationsgefäßen wurde die Solltemperatur selbst bei der größten Einwaage von 5 g Substanz, die einer Schichtdicke von σ = 9,12 mm entsprechen, nach ca. 10 min erreicht (Bild 2). Mittels Stellschrauben wurde die Apparatur gegen eine Wellenwasserwaage genau waagerecht aufgebaut.

Als Polykondensationsgefäße wurden im allgemeinen Glasgefäße mit angeschmolzener planparalleler Platte verwendet[2]), da, wie auch *Stevenson* [4] feststellte, Gefäße aus V4A-Material die Reaktion unkontrollierbar beein-

[1]) Teil II s. [2].

[2]) Für die sehr sorgfältige Anfertigung der Polykondensationsgefäße möchten wir uns auch an dieser Stelle bei den Herren *H. Seeber* und *K.-H. Seeber* herzlich bedanken.

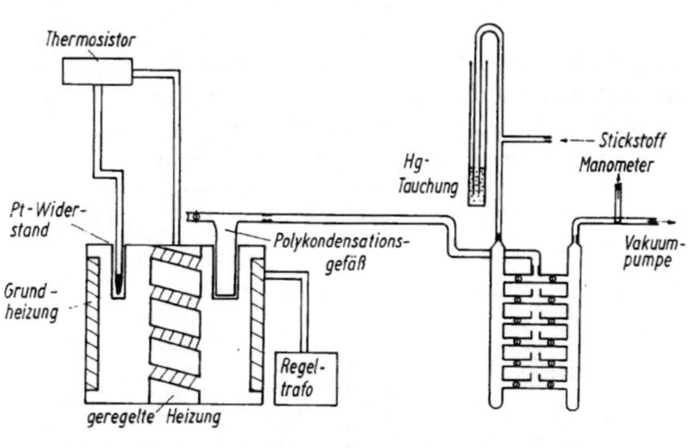

Bild 1. Schematische Darstellung der Polykondensationsapparatur (statisches System)

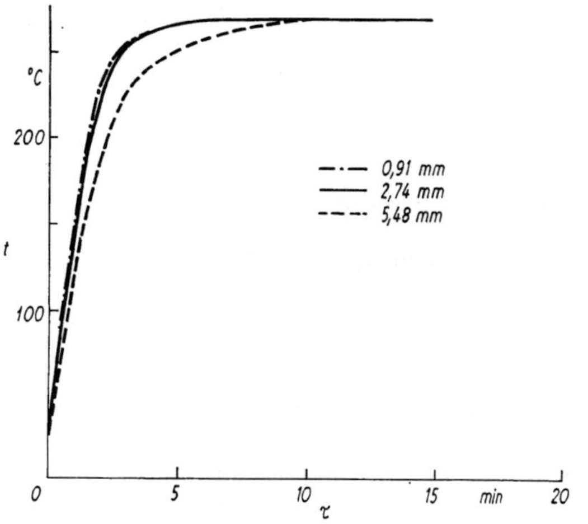

Bild 2. Anheizkurve in Glanzgefäßen bei unterschiedlicher Schichtdicke

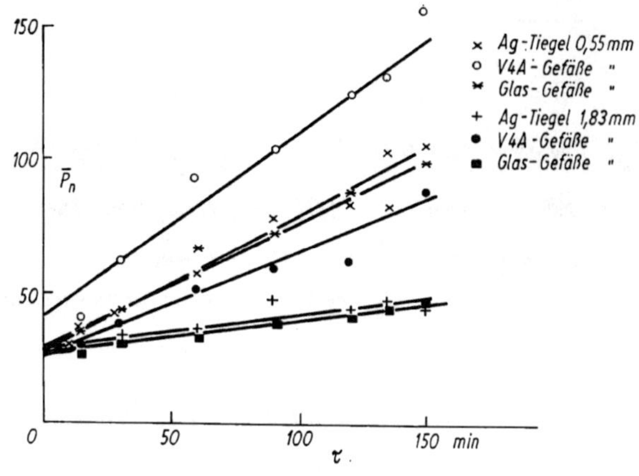

Bild 3. Einfluß des Gefäßmaterials auf den Polykondensationsverlauf
$t = 270\,°C$; $p = 0{,}1$ Torr; $\overline{P}_n(\tau_0) = 21{,}7$

flußten (vgl. Tabelle 1 und Bild 3). Als geeignet erwiesen sich auch Silbertiegel, die in die Stahlautoklaven eingesetzt werden konnten.

Ausgegangen wurde von einem niedermolekularen Polyäthylenterephthalat vom $\overline{P}_n = 21{,}7$.

Die Schichtdicke wurde aus Einwaage, Gefäßgeometrie und Schmelzedichte ermittelt, wobei für die Schmelzedichte literaturkundige Werte [4, 5] eingesetzt wurden.

Der Polymerisationsgrad der Polyäthylenterephthalatproben wurde viskosimetrisch in Phenol (1)/Tetrachloräthan (1) bei 20°C $\pm$ 0,02 grd ermittelt, wobei $[\eta]$ nach *Frind* [6] und $\overline{P}_n$ nach *Koepp* und *Werner* [7] berechnet wurden. Der kinetischen Auswertung wurden je Meßzeitpunkt sechs Experimentalwerte zugrunde gelegt. Für eine Schichtdicke von $\sigma = 1{,}83$ mm ermittelten wir den mittleren Variationskoeffizienten auf Oberflächen aus Glas zu $v = 4{,}8\%$, aus Silber zu $v = 6{,}5\%$ und aus V4A-Stahl zu $v = 10{,}1\%$ (Tabelle 1).

Die Polymerisationsgrade von Polykondensationsversuchen in Gefäßen aus Glas und Silber stimmen nahezu überein, während die entsprechenden Werte von Polykondensationsversuchen auf V4A-Oberflächen signifikant höher liegen (Bild 3). Außerdem verursachen V4A-Oberflächen eine weitaus stärkere Meßwertstreuung. Die Aktivität des V4A-Materials dürfte auf die in unserem Falle unbedingt erforderlichen Reinigungsoperationen zurückzuführen sein.

Tabelle 1. Reproduzierbarkeit der Polykondensation von niedermolekularem Polyäthylenterephthalat in statischer Schicht in Abhängigkeit vom Gefäßmaterial. $\sigma = 1{,}83$ mm; $t = 270°C$; *Katalysator/Inhibitor-Kombination*

τ min	Glas $\overline{P}_n$	v %	Silber $\overline{P}_n$	v %	V4A $\overline{P}_n$	v %
15	26,4	4,0	31,3	6,1	29,6	4,8
30	31,8	3,9	31,4	9,3	38,2	6,1
60	34,3	2,2	35,2	5,7	51,1	12,7
90	37,5	4,7	37,4	9,8	58,7	10,7
120	40,6	6,4	42,4	5,3	61,9	12,3
135	43,3	7,5	44,5	5,0	79,7	12,2
150	45,9	4,6	46,7	4,2	88,3	12,1

3. Diskussion der Ergebnisse

Die Auftragung der aus je sechs Einzelwerten ermittelten Polymerisationsgrade für die verschiedenen Schichtdicken gegen die Reaktionszeit ergab linearen Verlauf von $\overline{P}_n = f(\tau)$ (Bild 4, 5 und 6). Auch im statischen Polykondensationssystem verläuft demnach die metallionenkatalysierte Polyäthylenterephthalatbildung nach einem Zeitgesetz zweiter Ordnung. Die weitere kinetische Auswertung konnte deshalb, wie in [1] beschrieben, durchgeführt werden.

Mit zunehmender Schichtdicke verringert sich die effektive Reaktionsgeschwindigkeit bis zu einer Schichtdicke von ca. 2 mm zunächst sehr rasch. Bei Schichtdicken $\sigma > 5$ mm ist mit der angewandten Experimentalmethodik wahrscheinlich infolge konvektiver Durchmischung bei den dickeren Schmelzeschichten kein eindeutiger Schichtdickeneinfluß mehr erkennbar (Tabelle 2, Bild 7). Für die antimonkatalysierte Reaktion fanden wir einen prinzipiell gleichartigen Verlauf der Polykondensationsgeschwindigkeit in Abhängigkeit von der Schichtdicke (Tabelle 3).

Tabelle 2. $k_{eff} = f(\sigma)$ *für die Polykondensation von niedermolekularem Polyäthylenterephthalat in statischer Schicht Katalysator/Inhibitor-Kombination*

σ mm	k 10^{-3} g/m mol s 266 °C	270 °C	280 °C
0,09		7,44	
0,18		5,18	
0,37	2,14	2,49	2,63
0,55	1,31	1,49	1,72
0,91	0,80	0,99	1,30
1,28	0,59	0,65	0,78
1,83	0,41	0,41	0,53
2,74	0,29	0,32	0,39
4,57		0,19	0,23
6,40		0,21	
9,12		0,25	

Die Schichtdickenabhängigkeit der effektiven Polykondensationsgeschwindigkeit zeigt deutlich, daß die experimentell ermittelte makroskopische Reaktionsgeschwindigkeit nicht der eigentlichen chemischen Reaktivität gleichzusetzen ist. Die Schichtdickenabhängigkeit der Reaktionsgeschwindigkeit bei gleichzeitiger Konstanz der Reaktionsordnung läßt sich als Ergebnis des gemeinsamen Wirkens von Hinreaktion,

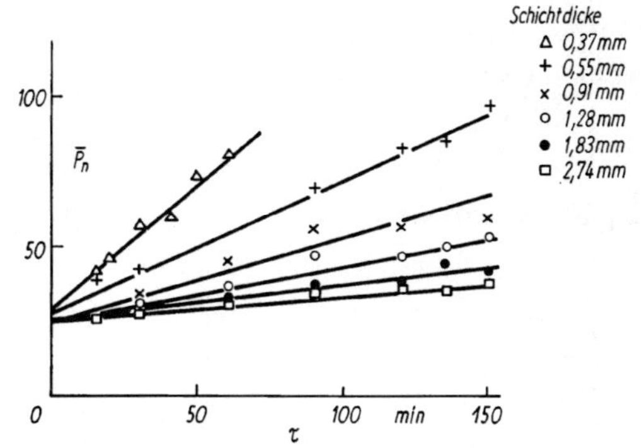

Bild 4. $\bar{P}_n = f(\tau)$ für die Polykondensation von niedermolekularem Polyäthylenterephthalat in Abhängigkeit von der Schmelzeschichtdicke. $t = 266\,°C$; $p = 0{,}1$ Torr; $P_n(\tau_0) = 21{,}7$. Katalysator/Inhibitor-Kombination

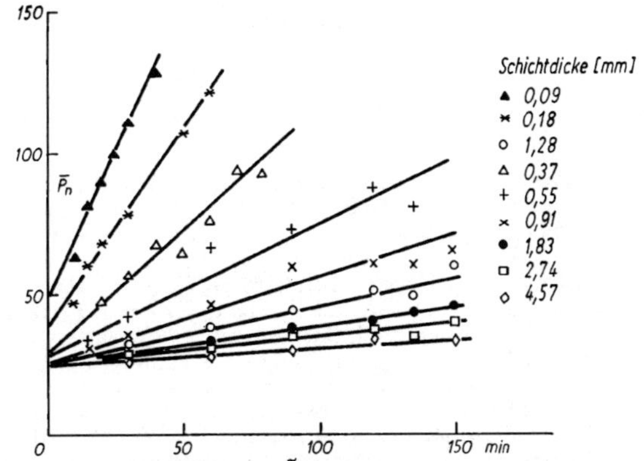

Bild 5. $\bar{P}_n = f(\tau)$ für die Polykondensation von niedermolekularem Polyäthylenterephthalat in Abhängigkeit von der Schmelzeschichtdicke. $t = 270\,°C$; $p = 0{,}1$ Torr; $P_n(\tau_0) = 21{,}7$. Katalysator/Inhibitor-Kombination

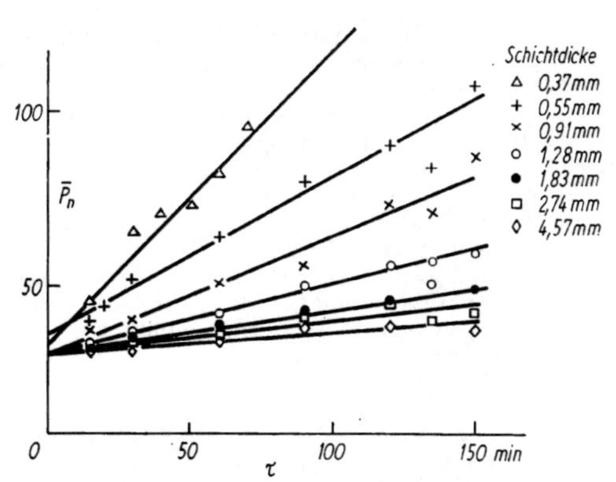

Bild 6. $\bar{P}_n = f(\tau)$ für die Polykondensation von niedermolekularem Polyäthylenterephthalat in Abhängigkeit von der Schmelzeschichtdicke. $t = 280\,°C$; $p = 0{,}1$ Torr; $P_n(\tau_0) = 21{,}7$. Katalysator/Inhibitor-Kombination

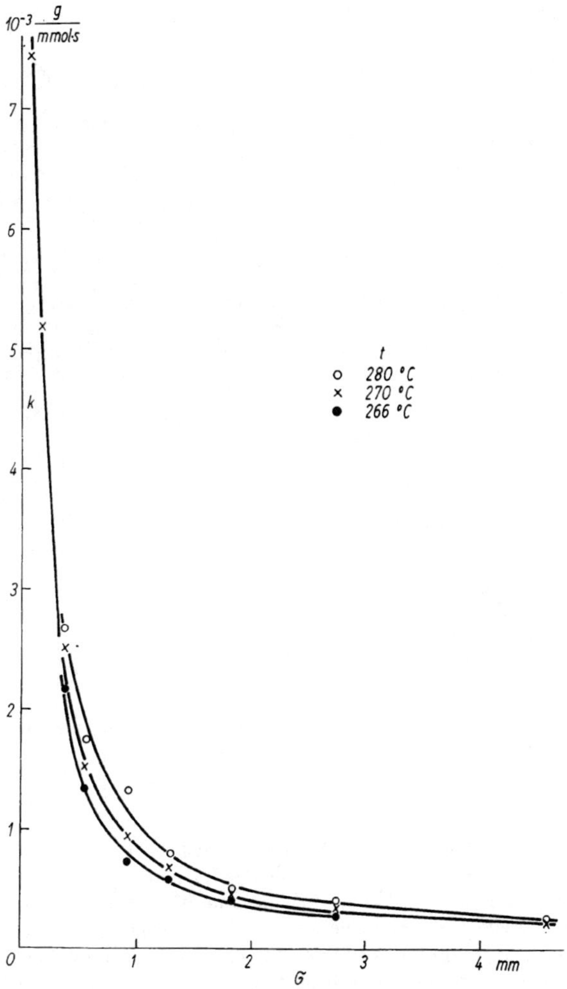

Bild 7. $k_{eff} = f(\sigma)$ für die Polykondensation von niedermolakularem Polyäthylenterephthalat. Katalysator/Inhibitor-Kombination

Glykoltransport und Rückreaktion bei kleiner Gleichgewichtskonstante, hoher Estergruppenkonzentration und rascher Abführung des Reaktionsglykols aus der reagierenden Schmelze interpretieren [3].

Aus der Darstellung $k_{eff} = f(\sigma)$ kann das eigentliche reaktionskinetische Gebiet, in dem die Reaktion ausschließlich chemisch kontrolliert abläuft, nicht bestimmt werden. Die Angaben in der Literatur über den Schicht-

Tabelle 3. $k_{eff} = f(\sigma)$ *für die Polykondensation von niedermolekularem Polyäthylenterephthalat in statischer Schicht* $1{,}75 \cdot 10^{-4}$ mol/mol Sb_2O_3

σ mm	k 10^{-3} g/m mol s		
	260 °C	270 °C	290 °C
0,18		4,88	
0,37	2,42	2,88	3,16
0,55		1,87	
1,11	0,85	1,06	1,42
1,83		0,66	
2,74	0,39	0,39	0,80
6,40		0,21	

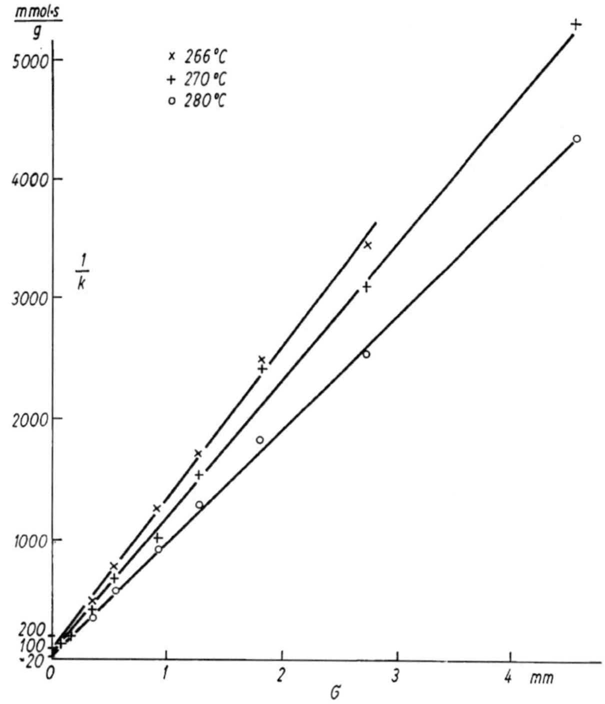

Bild 8. $1/k_{eff} = f(\sigma)$ für die Polykondensation von niedermolekularem Polyäthylenterephthalat. Katalysator/Inhibitor-Kombination

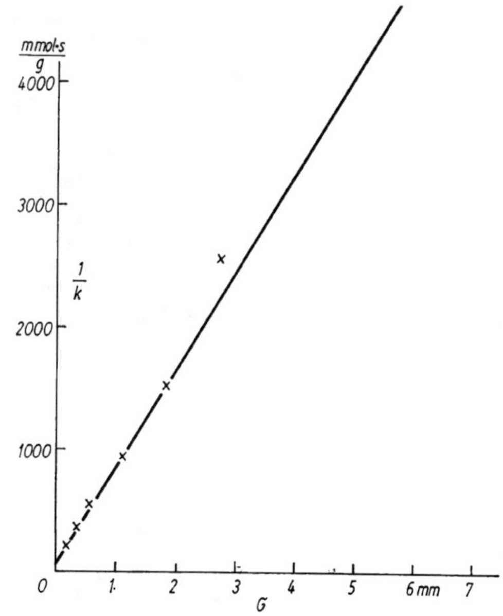

Bild 9. $1/k_{eff} = f(\sigma)$ für die Polykondensation von niedermolekularem Polyäthylenterephthalat. Antimon(III)oxid

dickenbereich der ausschließlich chemisch kontrollierten Reaktion sind recht unterschiedlich; genannt werden Schichten von 0,02 mm [8], 0,2 mm [9] und 0,5 mm [10] Dicke, wobei jedoch zu berücksichtigen ist, daß diese Extrapolationswerte mittels unterschiedlicher Experimentalmethodik erhalten wurden. Wir konnten eine schichtdickenunabhängige Geschwindigkeitskonstante näherungsweise aus $1/k_{eff} = f(\sigma)$ als Ordinatenabschnitt ermitteln (Bild 8 und 9). Für die drei untersuchten Reaktionstemperaturen wurden mittels linearer Regression die folgenden empirischen Beziehungen für die Abhängigkeit der reziproken Polykondensationsgeschwindigkeit von der Schmelzeschichtdicke erhalten:

$$266\,°\mathrm{C}:\ 1/k = 72{,}0 + 1254\,\sigma/\mathrm{mm}\ [\mathrm{mmol\ s/g}],$$

$$270\,°\mathrm{C}:\ 1/k = 50{,}4 + 1151\,\sigma/\mathrm{mm}\ [\mathrm{mmol\ s/g}],$$

$$280\,°\mathrm{C}:\ 1/k = 34{,}2 + 945\,\sigma/\mathrm{mm}\ [\mathrm{mmol\ s/g}].$$

Die entsprechende Beziehung für die rein antimonkatalysierte Reaktion bei 270 °C lautet:

$$\frac{1}{k} = 70{,}0 + 804\,\sigma/\mathrm{mm}\ [\mathrm{mmol\ s/g}].$$

Wie *Stevenson* [4] durch Polykondensationsversuche auf Metalloberflächen experimentell nachweisen konnte, gilt die Linearität von $1/k = f(\sigma)$ bis zu Schichtdicken von $\sigma = 0{,}023$ mm.

Frau *M. Bierbrauer* und Frau *K. Schnaubelt* danken wir für die experimentelle Mitarbeit.

Dem VEB Chemiefaserkombinat Schwarza „Wilhelm Pieck" sind wir für die verständnisvolle materielle Förderung dieser Arbeiten zu Dank verpflichtet.

4. *Literatur*

[1] *Rafler, G., Bonatz, E.*, und *Reinisch, G.*: Zur Kinetik der Polyäthylenterephthalatbildung im offenen System. I. Polykondensation von Bis-(β-hydroxyäthyl)-terephthalat in einem gerührten Polykondensationssystem. Faserforsch. u. Textiltechnik **24** (1973) 6, S. 235–239.
[2] *Rafler, G., Bonatz, E.*, und *Reinisch, G.*: Zur Kinetik der Polyäthylenterephthalatbildung im offenen System. II. Einfluß thermisch bedingter Nebenreaktionen auf den Polykondensationsverlauf. Faserforsch. u. Textiltechnik **24** (1973) 7, S. 269–272.
[3] *Bonatz, E., Rafler, G.*, und *Reinisch, G.*: Zur Kinetik der Polyäthylenterephthalatbildung im offenen System. IV. Faserforsch. u. Textiltechnik **24** (1973) 8, S. 313–316.
[4] *Stevenson, R. W.*: Polycondensation rate of poly(ethylene terephthalate). II. Antimony trioxide catalyzed polycondensation in static thin films on metal surface. J. Polymer Sci., A-1: Polymer Chem. **7** (1969) S. 395–407.
[5] *Ueberreiter, K.*, und *Orthmann, H.-J.*: Das Schmelzen von Polyäthylen und anderen Hochpolymeren. Kolloid-Z. **133** (1957) S. 61–75.
[6] *Frind, H.*: Die Bestimmung der Grundviskosität von Polyäthylenterephthalat-Lösungen. Faserforsch. u. Textiltechnik **5** (1954) S. 290–296.
[7] *Koepp, H.*, und *Werner, H.*: Endgruppenbestimmung und molekulare Verteilung bei Polyäthylenterephthalat. Makromol. Chemie **32** (1959) S. 79–89.
[8] *Čefelin, P.*, und *Markes, R.*: Die Polykondensation des Bis-(2-hydroxyäthyl)-terephthalats in dünnen Schmelzeschichten. Faserforsch. u. Textiltechnik **23** (1972) S. 329–334.
[9] *Schumann, H.-D.*: Beiträge zur Schmelzepolykondensation von Polyäthylenterephthalat im offenen System. I. Zur Polykondensation in dünnen Schichten. Faserforsch. u. Textiltechnik **22** (1972) S. 389–394.
[10] *Morozov, N. A., Radčenko, N. G.*, und *Kolčin, A. A.*: Polykondensation von Diäthylolterephthalat in dünner Schicht. Plast. Massy, Moskva (Plast. Massen) **4** (1967) S. 18–20.

Eingegangen am 25. Januar 1973

Zur Kinetik der Polyäthylenterephthalatbildung im offenen System

IV. Kinetik und Stofftransport in einem statischen Polykondensationssystem[1])

Eckhard Bonatz, Gerald Rafler und Gerhard Reinisch

Akademie der Wissenschaften der DDR, Institut für Polymerenchemie in Teltow-Seehof, Abt. Polykondensate

DK 678.674'524'420:66.095.3:547.422:532.72:539.23:541.127.1

Die Makrokinetik der Polyäthylenterephthalatbildung wird quantitativ auf der Basis des gemeinsamen Wirkens von Hinreaktion, Glykoltransport und Rückreaktion behandelt. Mit dem die Makrokinetik dieser Polymerbildungsreaktion beschreibenden Geschwindigkeitsgesetz kann aus der Schichtdickenabhängigkeit der effektiven Polykondensationsgeschwindigkeit das Verhältnis von aus der Schmelze abgegebener zu während der Reaktion gebildeter Glykolmenge ermittelt werden. Aus der Abhängigkeit der abgegebenen Glykolmenge von der Glykolkonzentration in der Schmelze wird die Art des Stofftransports für ein statisches Polykondensationssystem interpretiert.

О кинетике образования полиэтилентерефталата в открытой системе.

IV. Кинетика и массопередача в статической поликонденсационной системе

Проведено количественное изучение макрокинетики процесса образования полиэтилентерефталата, исходя из общего действия прямой реакции, передачи гликоля и обратной реакции. С помощью кинетического уравнения, описывающего макрокинетику реакции образования полимера и исходя из зависимости эффективной скорости поликонденсации от толщины слоя, можно определить соотношение количеств гликоля, отделяемого из расплава, и гликоля, образующегося в ходе реакции. На основании зависимости количества выделяемого гликоля от его концентрации в расплаве интерпретируется характер массопередачи в статической поликонденсационной системе.

On the Kinetics of the Formation of Polyethylene Terephthalate in an Open System.

IV. Kinetics and Substance Transport in a Static Polycondensation System

The macrokinetics of the formation of polyethylene terephthalate is considered quantitatively on the basis of the simultaneous effects of forward reaction, glycol transport and reverse reaction. With the rate equation describing the macrokinetics of this polycondensation reaction the ratio of the glycol amount released from the melt to the amount formed during the polycondensation reaction can be determined by the dependence of the effective rate of polycondensation on the layer thickness. On the basis of the dependence of the released glycol amount on the concentration of glycol in the melt the mode of substance transport in a static polycondensation system is discussed.

1. Einleitung

Durch Polykondensationsversuche in statischer dünner Schicht konnten wir den Einfluß von Transportvorgängen auf die effektive Reaktionsgeschwindigkeit der metallionenkatalysierten Polyäthylenterephthalatbildung experimentell ermitteln [1]. Danach verringerte sich die effektive Polykondensationsgeschwindigkeit mit zunehmender Schmelzeschichtdicke bis zu Schichtdicken von ca. 2 mm zunächst sehr rasch. Bei Schichtdicken $\sigma > 5$ mm war mit der angewandten Experimentalmethodik infolge konvektiver Durchmischung kein eindeutiger Schichtdickeneinfluß mehr erkennbar. In dieser 4. Mitteilung wird die Makrokinetik dieser Polymerbildungsreaktion quantitativ behandelt.

2. Einfluß der Rückreaktion auf die effektive Gesamtreaktionsgeschwindigkeit

Die Schichtdickenabhängigkeit der effektiven Polykondensationsgeschwindigkeit zeigte, daß die experimentell ermittelte makroskopische Reaktionsgeschwindigkeit nicht der eigentlichen chemischen Reaktivität gleichzusetzen ist [1]. Unter den angewandten Reaktionsbedingungen (offenes System) blieb nach den erhaltenen Experimentalergebnissen die Gültigkeit des Zeitgesetzes zweiter Ordnung innerhalb des untersuchten Reaktionszeitraumes unabhängig von der Schmelzeschichtdicke gewahrt [1]. Damit läßt sich der Zusammenhang zwischen Makro- und Mikrokinetik dieser Reaktion als Ergebnis des gemeinsamen Wirkens von Hinreaktion, Glykoltransport und Rückreaktion beschreiben.

Bereits *G. V. Schulz* [2] faßte die Polyveresterung von Hydroxycarbonsäuren als reversible Reaktion zweiter Ordnung auf und leitete die entsprechenden Differentialgleichungen für die zeitliche Zunahme des Reaktionsfortschrittsgrades bzw. des Polymerisationsgrades ab.

Das Geschwindigkeitsgesetz der Bildungsreaktion des Polyäthylenterephthalats

$$-\frac{dc_{\text{OH}}}{d\tau} = kc_{\text{OH}}^2 \tag{1}$$

ist so zu erweitern, daß es den in seinem Ausmaß von der Schichtdicke abhängigen Glykoltransport mit erfaßt. Durch diesen wird die Gesamtreaktionsgeschwindigkeit (Differenz von Hin- und Rückreaktion) je nach dem Anteil der Rückreaktion vermindert. Da die zurückbleibende Glykolmenge bei sonst konstanten Reaktionsbedingungen (Temperatur, äußerer Glykolpartialdampfdruck, Schmelzeoberfläche, Konvektion) mit steigender Schichtdicke infolge erschwerter Desorption zunehmen muß, erhöht sich damit auch das Ausmaß der Rückreaktion, und die effektive Reaktionsgeschwindigkeit wird kleiner. Auf diese Weise läßt sich der Zusammenhang zwischen Stofftransport und Kinetik sowie die Schichtdickenabhängigkeit der Polykondensationsgeschwindigkeit bei Konstanz der Reaktionsordnung für diese Polymerbildungsreaktion erklären.

[1]) Teil III s. [1].

Eine Geschwindigkeitsgleichung, die diese Verhältnisse erfaßt, muß also die beiden gegenläufigen Teilreaktionen *sowie* den schichtdickenabhängigen, in der Schmelze verbleibenden Glykolanteil berücksichtigen.

Die Gesamtumsetzungsgeschwindigkeit setzt sich also aus der Geschwindigkeit der Aufbaureaktion

$$\frac{dx}{d\tau} = k_0 (c_{OH} - x)^2 \tag{2}$$

und der Rückreaktionsgeschwindigkeit

$$\frac{dx}{d\tau} = -4k' \frac{x}{2} \cdot \frac{x}{2} (1 - q) \tag{3}$$

zusammen, ergänzt um einen Faktor $(1 - q)$ für die zurückbleibende Glykolmenge. Der Faktor 4 folgt aus der Tatsache, daß es für die Glykolyse von Polyäthylenterephthalat vier äquivalente Reaktionsmöglichkeiten gibt. In diesen Beziehungen sind x die umgesetzten OH-Gruppen, c_0 die Ausgangskonzentration der OH-Endgruppen, k_0 die schichtdickenunabhängige Polykondensationsgeschwindigkeit, k' die Geschwindigkeit der Rückreaktion und q der Quotient aus abdiffundierender und gebildeter Glykolmenge. Die Zusammenfassung beider Gleichungen nach Einführung der Gleichgewichtskonstanten K ergibt die Reaktionsgeschwindigkeit der Gesamtumsetzung zu:

$$\frac{dx}{d\tau} = k_0 (c_{OH} - x)^2 - \frac{k_0}{K} (1 - q)\, x^2. \tag{4}$$

Diese Gleichung gilt für Bis-(β-hydroxyäthyl)-terephthalat als Ausgangsmaterial.

Da wir für unsere Polykondensationsversuche in statischer dünner Schicht von einem niedermolekularen Polyäthylenterephthalat ausgehen, gilt für die Umsatzvariable x' mit

$$x' + x(\tau_0) = x, \tag{5}$$

$$\frac{dx'}{d\tau} = k_0 (c_{OH}(\tau_0) - x')^2 - \frac{k_0}{K} (1 - q)\, x'(x(\tau_0) + x'). \tag{6}$$

Drückt man die OH-Endgruppenkonzentration durch $\overline{P}_n$ aus, wobei man gleichzeitig einen Austausch der Variablen vornimmt, so folgt aus Gleichung (6)

$$\frac{d\overline{P}_n}{d\tau} = k_0 c_1 \left[1 - \frac{1}{K} (1 - q)\, c_2 \overline{P}_n - 1)^2\right] \tag{7}$$

Für den Polykondensationsverlauf, von einem beliebigen Ausgangspolymerisationsgrad $\overline{P}_n(\tau_0)$ beginnend, gilt dann Gleichung (8)

$$\frac{d\overline{P}_n}{d\tau} = k_0 c_1 \left[1 - \frac{1}{K} (1 - q) \times \left(c_2 \frac{\overline{P}_n^{\,2}}{\overline{P}_n(\tau_0)} - c_2 \overline{P}_n - \frac{\overline{P}_n}{\overline{P}_n(\tau_0)} + 1\right)\right]. \tag{8}$$

Die Konstanten c_1 und c_2 in Gleichung (7) und (8) resultieren aus der Umrechnung von x in $\overline{P}_n$;

$$c_1 = \frac{2 \cdot 10^6}{192{,}2}\ \mu\text{Äqu/g} \quad \text{und} \quad c_2 = 0{,}7559.$$

Bei unseren weiteren Berechnungen nahmen wir für die Gleichgewichtskonstante den nach Literaturangaben [3] sichersten Wert von $K = 0{,}5$ an.

Für den Fall, daß alle Größen außer den Reaktionsvariablen $\overline{P}_n$ und τ konstant wären, könnten Gleichung (7) bzw. (8) analog zu der Beziehung für das geschlossene System [4] integral ausgewertet werden. Infolge der Schichtdickenabhängigkeit der Polykondensationsgeschwindigkeit ist jedoch q eine Funktion von Schichtdicke σ und Reaktionszeit τ. Das Interesse gilt also der Ermittlung der funktionellen Abhängigkeit $q = f(\sigma, \tau)$. Die Berechnung von q bzw. $(1 - q)$ ist mit Gleichung (9) möglich:

$$(1 - q) = \frac{0{,}5 - 0{,}5 \dfrac{k_{eff}}{k_0}}{c_2 \dfrac{\overline{P}_n^{\,2}}{\overline{P}_n(\tau_0)} - c_2 \overline{P}_n - \dfrac{\overline{P}_n}{\overline{P}_n(\tau_0)} + 1}. \tag{9}$$

Sowohl für die mit der Katalysator/Inhibitor-Kombination katalysierte Polykondensation (Bild 1) als auch für die rein antimonkatalysierte Reaktion (Bild 2) ist $q = f(\sigma)$ nahezu linear. Erwartungsgemäß nimmt mit wachsender Schichtdicke bei konstanter Reaktionszeit die in der Schmelze verbleibende Glykolmenge zu. $q = f(\tau)$ nähert sich rasch dem Grenzwert 1, wobei natürlich bei dickeren Schmelzeschichten die Annäherung langsamer erfolgt (Bild 1 und 4). Damit wird verständlich, daß $\overline{P}_n = f(\tau)$ (vgl. [1]) bei allen untersuchten Schichtdicken linear

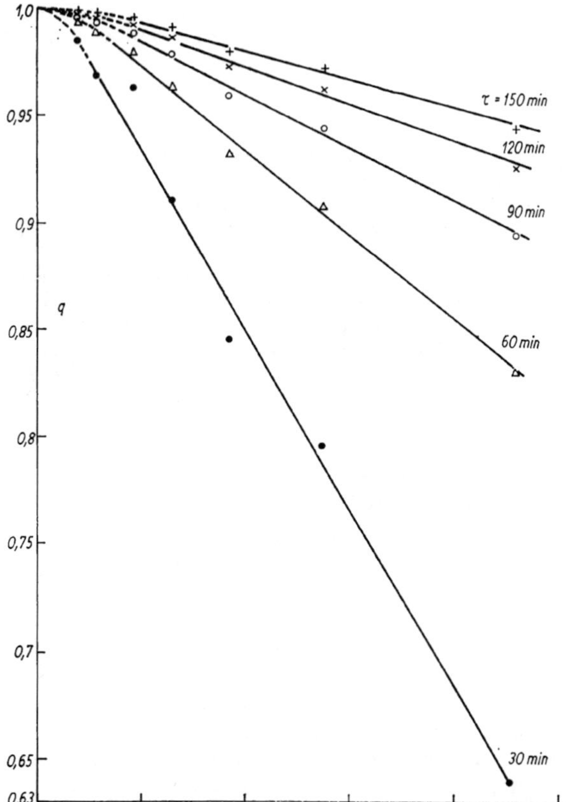

Bild 1. $q = f(\sigma)$ für verschiedene Reaktionszeiten. Katalysator/Inhibitor-Kombination; $t = 270\,°C$; $p = 0{,}1$ Torr

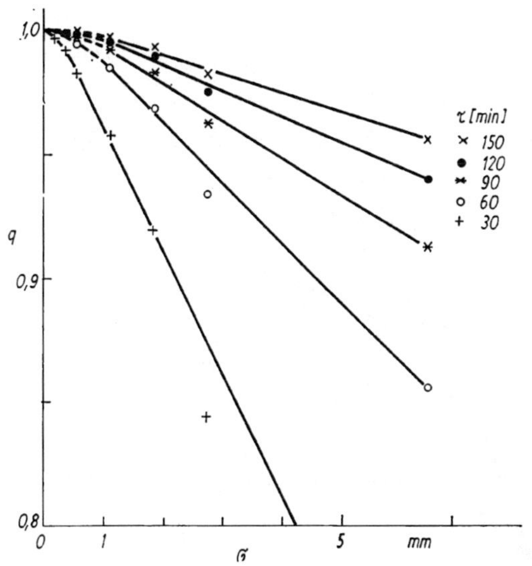

Bild 2. $q = f(\sigma)$ für verschiedene Reaktionszeiten. Katalysator: $1{,}75 \cdot 10^{-4}$ mol/mol Sb_2O_3; $t = 270\,°C$; $p = 0{,}1$ Torr

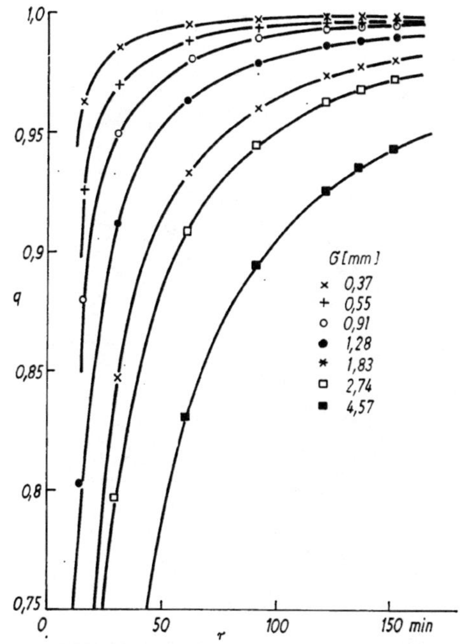

Bild 3. $q = f(\tau)$ für verschiedene Schichtdicken/Katalysator/Inhibitor-Kombination; $t = 270\,°C$; $p = 0{,}1$ Torr

blieb, die Reaktionsordnung also in analytisch erfaßbarer Weise nicht beeinflußt wurde. Der starke Einfluß der in der Schmelze verbleibenden Restglykolmenge auf die Polykondensationsgeschwindigkeit ist auf die kleine Gleichgewichtskonstante und die hohe Estergruppenkonzentration zurückzuführen.

3. *Zur Interpretation des Stofftransports*

Für den Zusammenhang zwischen Reaktionskinetik und Stofftransport der Polyesterbildungsreaktion in schmelzflüssiger Phase wurden durch Reduzierung des Polykondensationsprozesses auf eine Quasi-I. Ordnung und Kombination mit dem Stofftransport einer flüchtigen Komponente in der Literatur drei Reaktionsmodelle abgeleitet [5]:

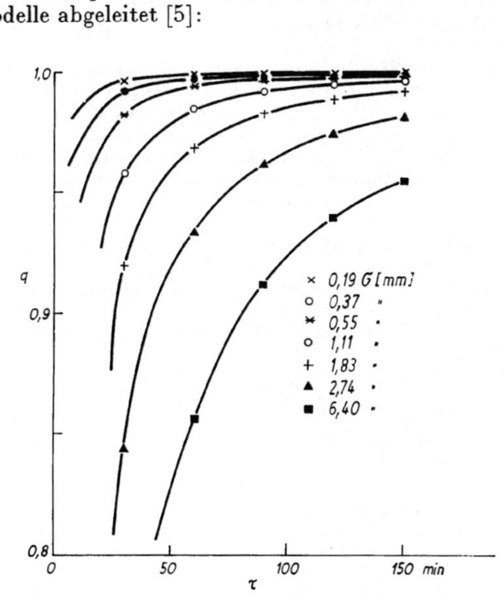

Bild 4. $q = f(\tau)$ für verschiedene Schichtdicken. Katalysator: $1{,}75 \cdot 10^{-4}$ mo/moll Sb_2O_3; $t = 270\,°C$; $p = 0{,}1$ Torr

Die Polykondensation läuft in der gesamten Schmelze ab, und das flüchtige Reaktionsprodukt wird durch physikalische Desorption entfernt. Die effektive Reaktionsgeschwindigkeit kann die Geschwindigkeit des Desorptionsprozesses nicht übersteigen.

Die Polykondensation findet ausschließlich in einer Grenzschicht statt, und sie wird durch die chemische Reaktivität und Diffusion bestimmt. Im übrigen Schmelzevolumen herrschen nahezu Gleichgewichtsbedingungen.

Die Polykondensation erfolgt ebenfalls nur in einer Grenzschicht, jedoch der Transport der Reaktanten zur Reaktionszone ist geschwindigkeitsbestimmend.

Nach *Hoftyzer* und *van Krevelen* [5] entspricht die Polyäthylenterephthalatbildung dem zweiten Reaktionsmodell, d. h., die Reaktion läuft in einer Randzone an der Phasengrenze ab.

Im Bereich der sogenannten Vorkondensationsphase der Polyäthylenterephthalatbildung ($\overline{P}_n < 25$), in der die Turbulenz infolge der relativ großen Menge freiwerdenden Reaktionsglykols ziemlich groß ist, hält *Schumann* [6] den Stoffübergang für geschwindigkeitsbestimmend; dabei erfolgte die Auswertung unter einigen vereinfachenden Annahmen nach der Zweifilmtheorie von *Lewis* und *Whitman* [7]. *Schumann* [8] leitete aus Polykondensationsversuchen in gerührter dünner Schicht ab, daß auch während der eigentlichen Polykondensationsphase die Geschwindigkeit des Polykondensationsprozesses vom Abtreiben des Reaktionsglykols aus der Schmelze bestimmt wird.

Wir gingen anders vor und kamen zu folgenden Ergebnissen: Aus bis zum Zeitpunkt τ gebildeter Glykolmenge und $(1 - q)$ bzw. q kann die Konzentration

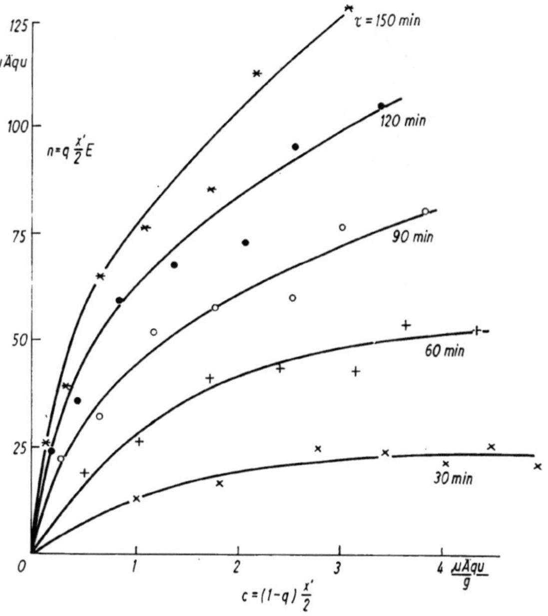

Bild 5. Abhängigkeit der entfernten Glykolmenge n_{Gl} von der Glykolkonzentration c_{Gl} in der Schmelze bei 270°C. Katalysator/Inhibitor-Kombination

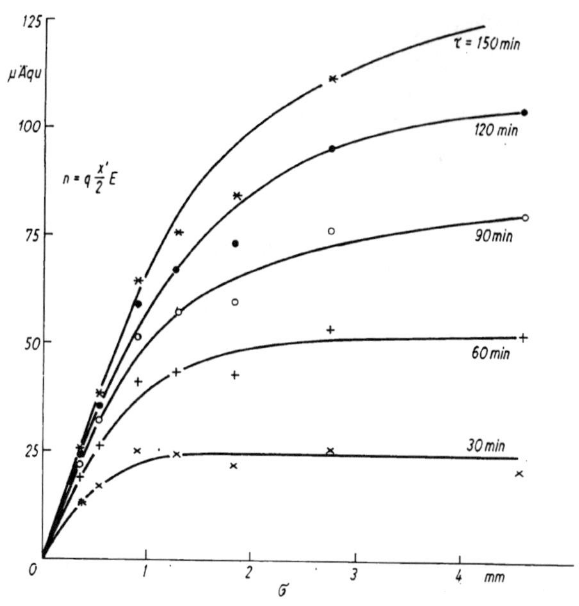

Bild 6. Abhängigkeit der entfernten Glykolmenge n_{Gl} von der Schmelzeschichtdicke bei 270°C. Katalysator/Inhibitor-Kombination

des Glykols in der Polyäthylenterephthalatschmelze nach Gleichung (10) sowie unter Berücksichtigung der Polymermasse die aus der Schmelze entfernte Glykolmenge nach Gleichung (11) berechnet werden

$$c_{Gl} = \frac{c_1}{2}\left(\frac{1}{\overline{P}_n(\tau_0)} - \frac{1}{\overline{P}_n}\right)(1-q), \qquad (10)$$

$$n_{Gl} = \frac{c_1}{2}\left(\frac{1}{\overline{P}_n(\tau_0)} - \frac{1}{\overline{P}_n}\right)qE. \qquad (11)$$

Aus dem Verlauf von $n_{Gl} = f(c_{Gl})$ läßt sich die Art des Stofftransports in nachfolgend beschriebener Weise interpretieren. Nimmt man eine von der Schichtdicke σ unabhängige Diffusionsgrenzschicht an, dann sollte die abgegebene Glykolmenge n_{Gl} linear mit der Glykolkonzentration c_{Gl} ansteigen. Die Zunahme von n_{Gl} erfolgt jedoch nicht linear mit c_{Gl} (Bild 5). Da die Glykolkonzentration in der Schmelze mit wachsender Schichtdicke zunimmt (vgl. Bild 6), ist der in Bild 5 dargestellte Verlauf von $n_{Gl} = f(c_{Gl})$ auf die mit wachsendem σ zunehmende Hemmung der Glykoldiffusion in der Polymerenschmelze zurückzuführen. Die Entfernung des Reaktionsglykols wird also von der Glykoldiffusion in der Schmelze und nicht vom Stoffübergang an der Phasengrenze bestimmt. Für den untersuchten Schichtdickenbereich 0,09 mm $\leqq \sigma \leqq$ 9,14 mm läßt sich zeigen, daß die Reaktion in der gesamten Schmelze abläuft (Bild 6). Fände die Reaktion nur in einer schmalen Randzone an der Phasengrenze statt, so sollte die abgegebene Glykolmenge unabhängig von der Schichtdicke sein. Somit entsprechen diese Ergebnisse für den untersuchten Schichtdickenbereich dem ersten der von *Hoftyzer* und *van Krevelen* [5] vorgeschlagenen drei Reaktionsmodelle.

Dem VEB Chemiefaserkombinat Schwarza „Wilhelm Pieck“ Rudolstadt-Schwarza sind wir für die verständnisvolle materielle Förderung dieser Arbeiten zu Dank verpflichtet.

Literatur

[1] *Bonatz, E., Rafler, G.,* und *Reinisch, G.:* Zur Kinetik der Polyäthylenterephthalatbildung im offenen System. III. Schichtdickenabhängigkeit der Polykondensationsgeschwindigkeit in einem statischen Polykondensationssystem. Faserforsch. u. Textiltechnik **24** (1973) 8, S. 309–312.
[2] *Schulz, G. V.:* Die Bildung polymerer Stoffe durch Kondensationsgleichgewichte. 193. Mitteilung über hochmolekulare Verbindungen. Z. physik. Chemie, Abt. A **182** (1938) S. 127–144.
[3] *Fontana, C. M.:* Polycondensation equilibrium and the kinetics of the catalyzed transesterification in the formation of polyethylene terephthalate. J. Polymer Sci., A-1: Polymer Chem. **6** (1968) S. 2343–2358.
[4] *Challa, G.:* The formation of polyethylene terephthalate by ester interchange. II. The kinetics of reversible melt polycondensation. Makromol. Chemie **38** (1960) S. 123–137.
[5] *Hoftyzer, P. J.,* und *van Krevelen, D. W.:* The influence of evaporation of a volatile reaction product on the rate of conversion in polycondensation process. Vortrag IUPAC International Symposium on Macromolecular Chemistry. Budapest 1963, Preprint Vol. 11/28, S. 123–129.
[6] *Schumann, H. D.:* Beiträge zur Schmelzepolykondensation im offenen System. III. Zum Einfluß von Transportvorgängen bei der Schmelzepolykondensation von Polyäthylenterephthalat (Vorkondensation). J. prakt. Chemie **313** (1971) 3, S. 511–528.
[7] *Brötz, W.:* Grundriß der chemischen Reaktionstechnik. Weinheim/Bergstr.: Verlag Chemie 1958. *Lewis, K. G.,* und *Whitman, W. G.:* Ind. engng. Chem. **16** (1924) S. 1215.
[8] *Schumann, H. D.:* Beiträge zur Schmelzepolykondensation von Polyäthylenterephthalat im offenen System. II. Zur Polykondensation in dickeren Schichten. Faserforsch. u. Textiltechnik **22** (1971) 9, S. 447–458.

Eingegangen am 23. März 1973

Faserforschung und Textiltechnik 24 (1973) Heft 8

Gaschromatographische Analyse von Veresterungs- und Umesterungsprodukten der Polyäthylenterephthalatherstellung

Werner Berger

Technische Universität Dresden, Sektion Chemie, und

Eberhard Tuček

VEB Chemiefaserwerk Wilhelm-Pieck-Stadt Guben, Abt. Forschungslabor

DK 678.674'524'420:66.095.3:547.548'023:542.951.1:543.544.25

Die Arbeit befaßt sich mit der gaschromatographischen Bestimmung von Terephthalsäure und den monomeren Terephthalsäureestern in Polyäthylenterephthalat-Vorkondensaten, die nach dem Direktveresterungs- oder Umesterungsverfahren hergestellt werden können. Vor der gaschromatographischen Analyse werden die zu bestimmenden Verbindungen in schwach polare Derivate überführt. Mit Hilfe der Analysenmethode wird der Reaktionsverlauf der Umesterung und der Direktveresterung analytisch erfaßt.

Газхроматографический анализ продуктов этерификации и переэтерификации, возникающих при получении полиэтилентерефталата

Методом газовой хроматографии проводилось определение терефталевой кислоты и ее эфиров в форконденсатах полиэтилентерефталата, получаемых методами прямой этерификации или переэтерификации. Перед анализом определяемые соединения переводятся в слабополярные производные. С помощью приведенного метода было проведено исследование кинетики реакций переэтерификации и прямой этерификации.

Gas Chromatographic Analysis of Esterification and Ester Interchange Products of the Preparation of Polyethylene-Terephthalate

The paper is treating the gas chromatografic determination of terephthalic acid and the monomeric terephthalic acid esters in the precondensates of polyethylene-terephthalate, which may be prepared by direct esterification or ester interchanging processes. Before the gas chromatographic analysis the compounds to be determined are converted into low polar derivatives. By means of the analytical method the course of reaction of the ester interchange and the direct esterification are analytically evaluated.

1. Einführung

Bei der Herstellung von Polyäthylenterephthalat (PÄT) nach dem Umesterungs- bzw. Direktveresterungsverfahren entstehen in den ersten Produktionsstufen Vorkondensate, die neben den unveränderten Ausgangsprodukten Dimethylterephthalat (DMT) bzw. Terephthalsäure (TPS) und Äthylenglykol vor allem β-Hydroxyäthylmethylterephthalat (HÄMT) bzw. β-Hydroxyäthylterephthalat (HÄT) und Bis-(β-hydroxyäthyl)-terephthalat (BHÄT) neben Oligomeren enthalten können.

Die Ermittlung der stofflichen Zusammensetzung dieser Vorkondensate gestattet interessante Einblicke in den Reaktionsfortschritt der PÄT-Bildung und erlaubt eine exaktere Charakterisierung der bei diesen Verfahren gebildeten Zwischenprodukte, als es mit den bisher üblichen Routinemethoden der Bestimmung des Umesterungsgrades, der Säurezahl und der Verseifungszahl möglich ist. Die Trennung der in den PÄT-Vorkondensaten enthaltenen Substanzen ist wegen der chemischen Ähnlichkeit dieser Verbindungen ein schwieriges analytisches Problem. In den letzten Jahren haben sich verschiedene Autoren mit dieser Problematik befaßt und mehrere analytische Methoden zur Lösung dieser Aufgabe vorgeschlagen. Neben Verfahren der Trennung, die auf der Grundlage der unterschiedlichen Löslichkeiten der interessierenden Verbindungen in verschiedenen Lösungsmitteln arbeiten [1, 2] wurden als geeignete Trennmethoden vor allem chromatographische Arbeitsweisen [3, 4, 5] angegeben. Eine gaschromatographische Bestimmung der PÄT-Vorkondensate nach Silylierung mit Bis-(trimethylsilyl)-trifluoracetamid veröffentlichten erstmals *Atkinson* und *Calouche* [6]. Im folgenden soll eine weitere Möglichkeit der quantitativen gaschromatographischen Analyse von Terephthalsäure und der interessierenden monomeren Terephthalsäureester beschrieben werden.

2. Herstellung von Terephthalsäurederivaten und deren gaschromatographische Trennung

Für die Analyse der PÄT-Vorkondensate besteht die Aufgabe, folgende Verbindungen zu trennen:

Vorkondensate des Direktveresterungsverfahrens: TPS, HÄT, BHÄT; Vorkondensate des Umesterungsverfahrens: DMT, HÄMT, BHÄT.

Obwohl die direkte Analyse von TPS und anderen aromatischen Carbonsäuren von *Witte* und *Rasse* [7] veröffentlicht wurde, gelang es uns mit den zur Verfügung stehenden Geräten nicht, die von diesen Autoren beschriebenen Erfahrungen auf das vorliegende Trennproblem zu übertragen und die direkte Analyse der Carboxyl- und Hydroxylgruppen enthaltenden Verbindungen zu verwirklichen. Aus diesen Gründen hielten wir die Herstellung von Derivaten und deren Trennung für die aussichtsreichste Möglichkeit zur Analyse der Vorkondensate. Die Umwandlung stark polarer Substanzen in Derivate geringerer Polarität ist ein übliches und oft angewandtes Verfahren für die Probenvorbereitung bei gaschromatographischen Analysen. Übersichten über häufig benutzte Umsetzungen dieser Art sind in bekannten Monographien über Gaschromatographie [8, 9] enthalten. Im vorliegenden Fall war es erforderlich, Carboxyl- und Hydroxylgruppen in weniger polare funktionelle Gruppen umzuwandeln, um die Trennbarkeit der Verbindungen zu ermöglichen.

Am Beispiel des HÄT sollen die von uns angewandten Verfahren veranschaulicht werden:

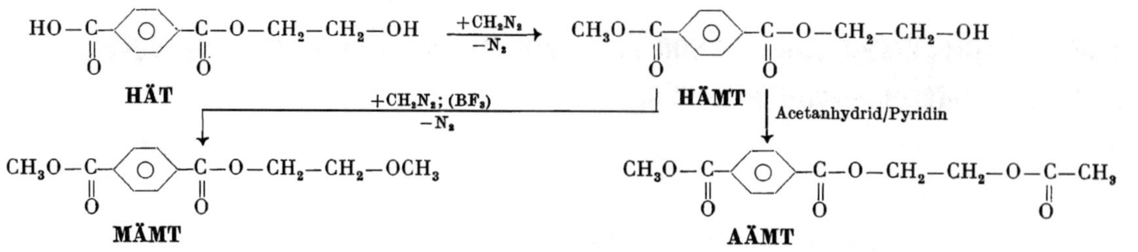

Während die Methylierung von Carbonsäuren mit Diazomethan eine quantitativ verlaufende Reaktion ist, lassen sich alkoholische Hydroxylgruppen im allgemeinen nur durch Anwendung saurer Katalysatoren, wie Bortrifluorid, Tetrafluorborsäure oder Aluminiumchlorid, mit Diazomethan in Methyläthergruppen überführen [10]. Wir konnten bei der Umsetzung von HÄT mit Diazomethan in Gegenwart von Bortrifluorid-Ätherat trotz zahlreicher Variationen der Versuchsbedingungen feststellen, daß eine quantitative Verätherung der Hydroxyäthylestergruppen nicht möglich ist.

Durch gaschromatographische Kontrolle der Reaktionsmischungen ließen sich maximale Ausbeuten von ca. 50% MÄMT feststellen, während die restlichen 50% als HÄMT vorlagen. Ohne Katalysatorzusätze wird quantitativ das HÄMT gebildet. Da das Verfahren der gleichzeitigen Veresterung und Verätherung der Carboxyl- bzw. Hydroxyl-Gruppen (HÄT → HÄMT → MÄMT) nicht zum Ziel führte, wurden die Hydroxylgruppen nach der Veresterung der Carboxylgruppen acetyliert (HÄT → HÄMT → AÄMT).

Die Acetylierung von HÄMT und BHÄT verläuft quantitativ und ist bereits nach 10 min Reaktionszeit bei 80 °C abgeschlossen. Unter Berücksichtigung der Tatsache, daß bei der Untersuchung von Vorkondensaten mit größeren Oligomerenanteilen der eigentlichen Acetylierung erst eine Extraktion der Monomeren vorausgehen muß, wurde die Reaktionszeit auf 30 min festgelegt. Längere Reaktionszeiten brachten keine Erhöhung der quantitativen Ergebnisse. Bei Produkten mit sehr hohen freien Glykolgehalten wurde in einigen Fällen das Acetylierungsreagens verbraucht, ohne daß die hydroxylgruppenhaltigen Terephthalsäureester vollständig acetyliert waren. Im Gaschromatogramm wird diese Störung durch das Auftreten des HÄMT-Peaks sichtbar. Durch kritische Auswertung eines jeden Chromatogrammes besteht die Möglichkeit, derartige Fehler zu erkennen.

Zur Überprüfung der Brauchbarkeit der angegebenen Derivationsverfahren sowie zur Ausarbeitung der gaschromatographischen Trennbedingungen verwendeten wir die in Tabelle 1 zusammengestellten Testsubstanzen.

Das Chromatogramm im Bild 1 zeigt das Ergebnis der Trennung eines Testgemisches der gaschromatographisch bestimmbaren Substanzen sowie des Di-n-

Tabelle 1. Testsubstanzen[1]) *zur Ausarbeitung der gaschromatographischen Analyse*

Substanz	Abkürzung	Schmelzpunkt
Terephthalsäure	TPS	
Dimethylterephthalat	DMT	140 °C
β-Hydroxyäthyl-terephthalat	HÄT	178 °C
β-Hydroxyäthyl-methylterephthalat	HÄMT[2])	80 °C
β-Acetoxyäthyl-methylterephthalat	AÄMT	51 °C
β-Methoxyäthyl-methylterephthalat	MÄMT	35 °C
Bis-(β-hydroxyäthyl)-terephthalat	BHÄT	109 °C
Bis-(β-acetoxyäthyl)-terephthalat	BAÄT	79 °C
Bis-(β-methoxyäthyl)-terephthalat	BMÄT Kp. 2,5	165…170 °C

[1]) Von den Testsubstanzen standen TPS und DMT in Faserqualität zur Verfügung. Die anderen Verbindungen wurden auf folgenden Wegen synthetisiert:

BHÄT: Umesterung von DMT; Lit. [11];
HÄT: partielle Verseifung von BHÄT; Lit. [11];
AÄMT: Acetylierung von HÄMT;
BAÄT: Acetylierung von BHÄT;
MÄMT: Veresterung von Terephthalsäuremethylesterchlorid; (Darstellung s. [11]) mit Monomethylglykol;
BMÄT: Veresterung von Terephthaloylchlorid mit Monomethylglykol.

[2]) HÄMT wurde uns dankenswerterweise vom Institut für Polymerenchemie in Teltow-Seehof der AdW der DDR überlassen.

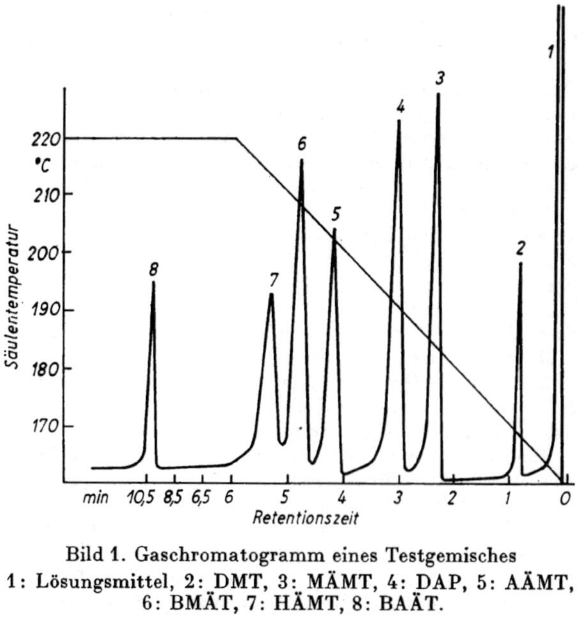

Bild 1. Gaschromatogramm eines Testgemisches
1: Lösungsmittel, 2: DMT, 3: MÄMT, 4: DAP, 5: AÄMT, 6: BMÄT, 7: HÄMT, 8: BAÄT.
In das Chromatogramm ist das verwendete Temperaturprogramm eingezeichnet.

Tabelle 2. Relative Retentionszeiten der Testsubstanzen

Komponente	$\frac{t_r \text{ Komponente}}{t_r \text{ Standard}}$
DMT	0,269
MÄMT	0,762
DAP	1,000
AÄMT	1,382
BMÄT	1,560
HÄMT	1,746
BAÄT	3,823

amylphthalats (DAP), das als innerer Standard für die quantitative Analyse benutzt wurde. Aus Tabelle 2 können die relativen Retentionszeiten entnommen werden.

Unter Einhaltung der für die Probenvorbereitung und GC-Analyse ausgearbeiteten Bedingungen konnte durch Untersuchungen mit Testgemischen festgetsellt werden, daß die zur Umwandlung der Hydroxyl- bzw. Carboxylgruppen angewandten Veresterungsreaktionen quantitativ verlaufen und durch Nebenreaktionen nicht gestört werden. Aus diesen Untersuchungen resultierte die folgende Analysenvorschrift für die Bestimmung von TPS, HÄT und BHÄT in Produkten der Direktveresterung bzw. DMT, HÄMT und BHÄT in PÄT-Vorkondensaten des Umesterungsprozesses.

3. Arbeitsweise zur Untersuchung von PÄT-Vorkondensaten

3.1. Probenvorbereitung

Veresterung mit Diazomethan

Ca. 100 mg fein gemahlenes Probenmaterial wird analytisch genau in ein 25 ml Rundkölbchen mit NS 14,5 eingewogen und mit einer ätherischen Diazomethanlösung versetzt. Danach setzt sofort eine heftige Stickstoffentwicklung ein, und die gelbe Diazomethanlösung wird entfärbt. Anschließend wird so lange frische Diazomethanlösung zugefügt, bis keine N_2-Entwicklung mehr zu beobachten ist und die Lösung noch gelb bleibt. Danach wird der Äther in einem Abzug abgedampft.

Acetylierung

Der von Äther befreite Kolbenrückstand wird unter Verwendung einer Mikrobürette mit 1,00 ml Standardlösung versetzt. Die Standardlösung ist eine Lösung von Di-n amylphthalat in Pyridin und enthält in 1 ml genau 20,0 mg Standard.

Anschließend werden 2 ml Acetylierungsgemisch (Pyridin/Acetanhydrid Masseverhältnis 3:1) zugefügt und das Kölbchen nach Aufsetzen eines Rückflußkühlers mit Trockenrohr 30 min auf einem Wasserbad bei 80 °C erwärmt. Danach werden durch den Rückflußkühler zur Umsetzung des überschüssigen Acetanhydrids 2 ml Methanol zugesetzt und weitere 10 min erhitzt. Vor der gaschromatographischen Analyse werden noch 3 bis 4 ml Tetrahydrofuran zugefügt. Im Unterschied zu Direktveresterungsprodukten aus Terephthalsäure und Äthylenglykol ist vor der gaschromatographischen Analyse von Umesterungsprodukten lediglich eine Acetylierung des Substrates erforderlich.

3.2. Gaschromatographische Analyse

Für die GC-Analyse wurde das Fraktometer F 20 der Fa. Perkin-Elmer verwendet. Das Gerät ist mit einem Flammenionisationsdetektor und linearer Temperaturprogrammierung ausgerüstet. Die nach 3.1 vorbereiteten PÄT-Vorkondensate werden unter folgenden Bedingungen analysiert:

Trägergas	Stickstoff 30 ml/min
Wasserstoff	35 ml/min
Luft	350 ml/min
Säulentemperatur	160 bis 220 °C Temperaturprogramm Heizrate 10 °C/min
Einspritzblocktemperatur	290 bis 300 °C/min
Probenmenge	0,6 ml
Saugspannung	180 V
Empfindlichkeit	E 2
Abschwächung	A 1—A 16 je nach Konzentration der Komponenten
Meßbereich des Schreibers	5 mV
Trennsäule	1 m Glassäule, 2,7 mm innerer Durchmesser
Trennsäulenfüllung	15% Carbowax 20 M auf Chromosorb W

Die Auswertung der Peaks erfolgt nach der Näherungsmethode:

$$F = h \times b_{1/2};$$

F = Peakfläche,
h = Peakhöhe,
$b_{1/2}$ = Peakbreite in halber Höhe.

Die Peakflächen werden unter Berücksichtigung der Umschaltfaktoren auf den Standardpeak bezogen und das Flächenverhältnis (FV) ermittelt:

$$FV = \frac{F_{\text{Komponente}}}{F_{\text{Standard}}}.$$

Aus den Flächenverhältnissen lassen sich aus einer FV/MV-Kurve die Masseverhätlnisse (MV) ablesen. Daraus ergeben sich nach folgender Gleichung die Masseprozente der jeweiligen Komponente:

$$\text{Masse } \% = \frac{GV \cdot A \text{ [mg]}}{E \text{ [mg]}} \cdot 100;$$

MV = Masseverhältnis,
A = Masse der Standardsubstanz in mg,
E = Probeneinwaage in mg.

Zur Aufstellung der FV/GV-Kurven werden zehn Gemische mit unterschiedlichen TPA-, HÄT- und BHÄT-Konzentrationen nach 3.1 methyliert und acetyliert. Für die FV/GV-Kurve zur Auswertung von Umesterungsprodukten erfolgt nur eine Acetylierung der Verbindungen DMT, HÄMT und BHÄT. Danach wird die *GC*-Analyse nach 3.2 durchgeführt. Die erhaltenen Flächenverhältnisse werden gegen die bekannten Masseverhältnisse aufgetragen. Für die drei jeweils zu bestimmenden Verbindungen ergeben sich Geraden mit unterschiedlicher Neigung. Bei höher kondensierten Produkten mit geringen Monomergehalten ist es sinnvoll, die Standardmenge dem Monomergehalt anzupassen. Dadurch wird die Genauigkeit der Analyse verbessert.

Die Fehlerbetrachtung an einer Direktveresterungsprobe lieferte die in Tabelle 3 angegebenen Werte.

Tabelle 3. Fehlerbetrachtung

	TPS %	HÄT %	BHÄT %
X_{10}	19,7	11,7	13,4
S_{10} = ±	0,84	0,44	0,52
V = ±	4,3	3,8	3,9

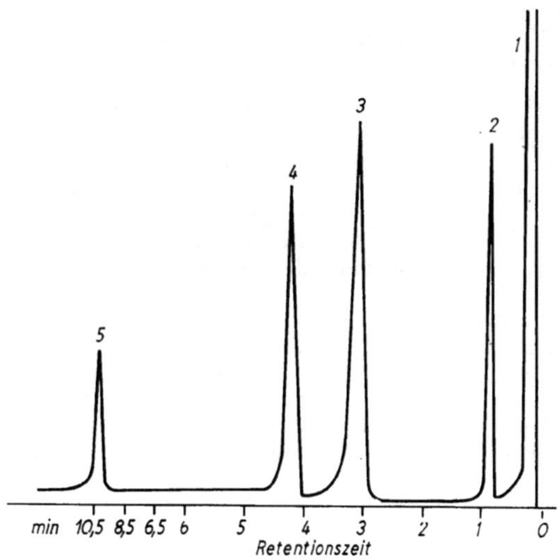

Bild 2. Gaschromatogramm eines Veresterungs- bzw. Umesterungsproduktes
1: Lösungsmittel, 2: TPS bzw. DMT (als DMT)
3: DAP (innerer Standard), 4: HÄT bzw. HÄMT (als ÄAMT)
5: BHÄT (als BAÄT)

Bild 2 zeigt ein typisches Chromatogramm eines Veresterungs- oder Umesterungsproduktes im Anfangsstadium des jeweiligen Prozesses.

4. *Verlauf der Direktveresterungs- und Umesterungsreaktion*

Eine Untersuchung von Veresterungsprodukten, die im geschlossenen System bei 270°C erhalten wurden, ergab die in Bild 3 dargestellten Konzentrations/Zeit-Funktionen der Komponenten TPS, HÄT und BHÄT. Die Oligomerenkonzentration wurde aus der bekannten

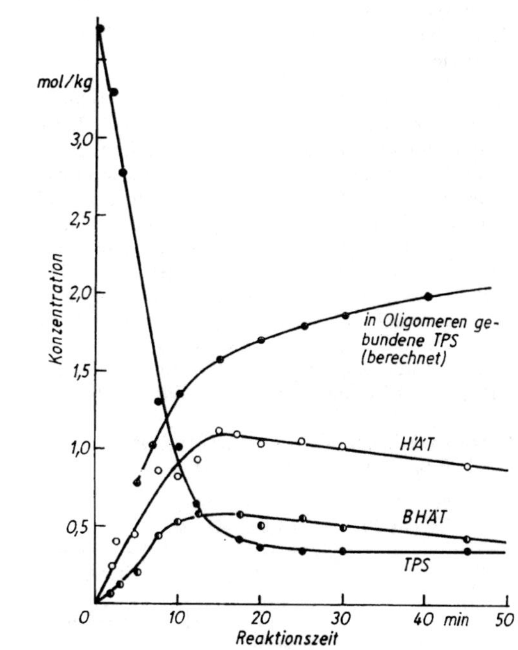

Bild 3. Reaktionsverlauf der Direktveresterung von Terephthalsäure mit Äthylenglykol im geschlossenen System

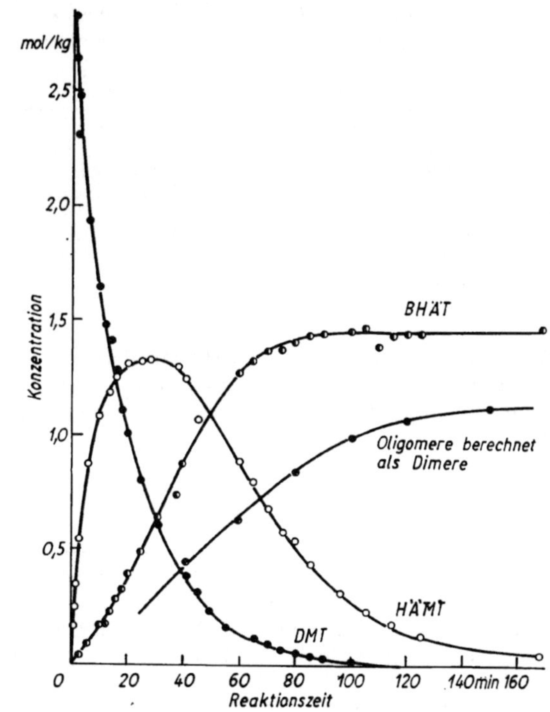

Bild 4. Reaktionsverlauf der Umesterung von Dimethylterephthalat mit Äthylenglykol

eingesetzten TPS-Menge und den durch GC-Analyse ermittelten Konzentrationen der genannten Verbindungen berechnet.

Die Untersuchung einer Umesterungsreaktion ergab den in Bild 4 dargestellten Funktionsverlauf. Zur Umesterung wurde ein Gemisch von DMT und Äthylenglykol im Molverhältnis 1:2,2 eingesetzt. Als Umesterungskatalysator kam ein Gemisch von Mangan(II)-acetat ($3{,}5 \times 10^{-4}$ mol/mol DMT) und Antimon(III)-oxid ($1{,}5 \times 10^{-4}$ mol/mol DMT) zum Einsatz. Die Umesterung wurde mit einer Reaktionstemperatur von 188°C begonnen und bei einer Reaktionstemperatur von 225°C beendet.

Im Gegensatz zu *Wuntke* und *Pyl* [4] konnten wir feststellen, daß die Bildung von BHÄT schon in der Anfangsphase der Umesterung erfolgt. Die Konzentration der Oligomeren wurde unter Berücksichtigung des abgetriebenen Methanols berechnet.

5. *Zusammenfassung*

Die vorliegende Arbeit wurde mit der Zielstellung begonnen, eine gaschromatographische Analyse von monomeren Terephthalsäureestern und von freier Terephthalsäure in PÄT-Vorkondensaten zu erarbeiten. Da die direkte GC-Analyse nicht möglich war, wurden die in PÄT-Vorkondensaten enthaltenen, stark polaren Verbindungen in weniger polare Derivate überführt. Durch Methylierung und Acetylierung von Direktveresterungsprodukten und durch Acetylierung von Umesterungsprodukten werden Verbindungen erhalten, die sich gaschromatographisch gut trennen lassen. Die quantitative GC-Analyse erfolgte mit Hilfe der Methode des inneren Standards. Das Analysenverfahren wurde hinsichtlich seiner Fehlerbreite und der möglichen methodischen Fehler überprüft. Weiterhin wurde das Verfahren erfolgreich zur analytischen Erfassung des Reaktionsverlaufes bei der

Direktveresterung von Terephthalsäure mit Äthylenglykol und bei der Umesterung von Dimethylterephthalat mit Äthylenglykol eingesetzt.

Für die exakte Durchführung zahlreicher Analysen möchten wir an dieser Stelle Frau *A. Noack*, Frau *B. Doß* und Frau *A. Jendritzki* unseren Dank aussprechen.

Literatur

[1] *Wilhelm, E.:* Beiträge zur direkten Umsetzung von Terephthalsäure mit Äthylenglykol. Diplomarbeit Univ. Halle-Wittenberg 1963.
[2] *Schmidt, J.:* Untersuchung theoretischer und praktischer Möglichkeiten zur quantitativen Bestimmung der Einzelkomponenten in Gemischen aus Terephthalsäure, Monoglykolterephthalat und Diglykolterephthalat. Ingenieurarbeit, Ingenieurschule für Chemie Berlin 1970.
[3] *Pyl, Th.*, und *Wuntke, K.:* Dünnschicht- und säulenchromatographische Trennung der Oligomeren vom Polyäthylenterephthalattyp an Aluminiumoxid. Plaste u. Kautschuk **15** (1968) 4, S. 274–275.
[4] *Pyl, Th.*, und *Wuntke, K.:* Die Dünnschichtchromatographie zur analytischen Erfassung des Reaktionsverlaufs bei der Herstellung von Polyäthylenterephthalat. Plaste u. Kautschuk **16** (1969) 4, S. 257–258.
[5] *Heidemann, G.*, *Kusch, P.*, und *Nettelbeck, H.-J.:* Zur Analyse polymerhomologer Reihen des Nylon 6, 6,6 und Polyäthylenterephthalats. Z. analyt. Chemie **212** (1965) S. 401–409.
[6] *Atkinson, E. R.*, und *Calouche, S. I.:* Analysis of polyethylene terephthalate prepolymer by trimethylsilylation and gas chromatography. Analyt. Chem. **43** (1971) 3, S. 460–462.
[7] *Witte, K.*, und *Rasse, H.:* Gas-chromatographische Analyse freier aromatischer Mono- und Dicarbonsäuren. Chromatographia **1** (1969) 1, S. 32–33.
[8] *Ettre, L. S.*, und *Zlatkis, A.:* The Practice of Gas Chromatography. New York/London/Sydney: Intersciene Publ. Wiley 1967.
[9] *Leibnitz, E.*, und *Struppe, H. G.:* Handbuch der Gaschromatographie. Leipzig: Akad. Verlagsges. Geest & Portig 1970.
[10] *Meerwein, H.*, in: *Houben-Weyl:* Methoden der organischen Chemie. Stuttgart: Georg Thieme 1965. Band 6/3, S. 37.
[11] *Zahn, H.*, und *Krzikalla, R.:* Synthese von einheitlichen, linearen Oligoestern vom Poly-glykol-terephthalat-typ. Makromol. Chemie **23** (1957) S. 31–53.

Eingegangen am 2. Mai 1973

Kapillarstrukturen in ionischen Cellulosegelen

Hans Joachim Purz

Akademie der Wissenschaften der DDR, Institut für Polymerenchemie in Teltow-Seehof

DK 541.135–126:661.728.84:661.892:54–148:541.182.02:539.271.1

Es wird die bei der frontalen Diffusion bestimmter gelbildender Gegenionen in die anionischen Polyelektrolyte Na-Cellulosexanthogenat und Na-Carboxymethylcellulose im Zusammenhang mit der ionotropen Gelbildung entstehende Kapillarstruktur in Abhängigkeit von verschiedenen Parametern untersucht. Die beim PEL Natrium-Cellulosexanthogenat mit Tl- und Zn-Ionen im µm-Bereich auftretende Kapillarstruktur hängt von verschiedenen Versuchsparametern ab und wird durch partielle Dehydratation und Entladung sowie Phasenbildung infolge tropfiger Segregation bei der Gelbildung interpretiert. Die Kapillarstruktur bleibt nach Abspalten der ionischen Gruppen in der Polymermatrix erhalten, so daß durch Variation der Gelbildungsparameter die Möglichkeit eines synthetischen Aufbaues von geordneten Kapillarstrukturen gegeben ist.

Капиллярные структуры в ионных целлюлозных гелях

Изучалась зависимость капиллярной структуры натриевых солей ксантогената целлюлозы и карбоксиметилцеллюлозы, образующейся при фронтальной диффузии определенных гелеобразующих противоионов в анионные полиэлектролиты, от различных параметров. Наблюдаемая в случае натриевой соли ксантогената целлюлозы при диффузии ионов тантала и цинка капиллярная структура размерами в порядке микронов зависит от условий гелеобразования и объясняется частичной дегидратацией и разряжением, а также образованием нескольких фаз при капельной сегрегации во время гелеобразования .Капиллярная структура сохраняется в полимерной матрице после отщепления ионных групп, что позволяет осуществлять получение упорядоченных капиллярных структур путем варьирования условий гелеобразования.

Capillar Structures in Ionic Cellulose Gels

The capillar structures formed during the diffusion of certain gel forming counter ions into the anionic polyelectrolytes Na-cellulose xanthate and Na-carboxymethyl cellulose in dependence on various parameters is discussed in terms of ionotropic gel formation. The capillar structure formed with Tl and Zn ions in the polyelectrolyte Na-cellulose xanthate in the µm region depends on various parameters and is explained by partial dehydration and discharging as well as by the formation of different phases due to segregation into droplets during the gel formation. After scission of ionic groups the capillar structur is maintained in the polymer matrix, thus providing the possibility of controlled formation of ordered capillar structures by varying the parameters of gel formation.

1. Einführung

Aus den Untersuchungen zur ionotropen Gelbildung [1, 2, 3] ist bekannt, daß diese Gele, die aus anisometrischen Polyelektrolytmolekülen bestehen und bei der Diffusion von bestimmten Gegenionen in Polyelektrolytsole gebildet werden, Doppelbrechung, anisometrische reversible Quellbarkeit, Elastizität, Ionenaustausch und eine Vielzahl von organisierten Strukturen im licht- und elektronenmikroskopischen Bereich [4] aufweisen. Die wohl interessantesten Strukturen sind die unter bestimmten Bedingungen parallel zur Diffusionsrichtung ausgebildeten und in die Gelmatrix

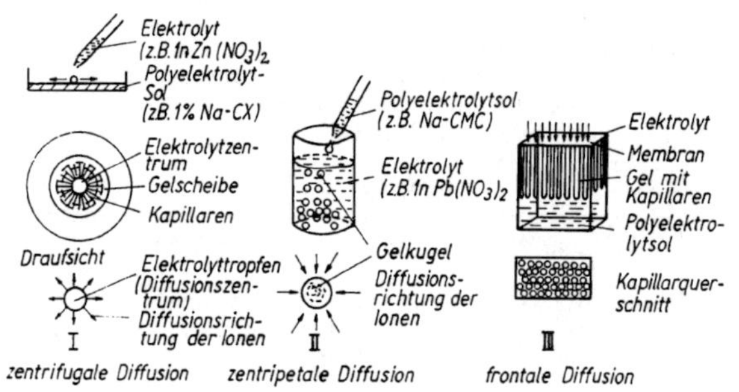

Bild 1. Schematische Darstellung der Versuchsanordnung zur ionotropen Gelbildung

eingebetteten, einheitlichen runden Kapillarstrukturen mit Durchmessern im unteren µm-Bereich. Der Kapillardurchmesser wird von der Natur des Polyelektrolyten, seiner Konzentration, dem gelbildenden Gegenion, seiner Konzentration und anderen Parametern beeinflußt.

In der vorliegenden Mitteilung wird zunächst geprüft, mit welchen gelbildenden Gegenionen bei den Polyelektrolyten (PEL) Na-Cellulosexanthogenat (NaCX) und Na-Carboxymethylcellulose (NaCMC) Kapillarstrukturen ausgebildet werden. An geeigneten Kapillargelen wird der Kapillardurchmesser in Abhängigkeit von der Polyelektrolytkonzentration, vom Lösungszustand des PEL-Sols (Reifezustand des NaCX-Sols), vom Gegenion, von der Elektrolytkonzentration, vom Anion, von der H-Ionenkonzentration in Elektrolytlösungen und von verschiedenen Zusätzen zum PEL-Sol[1]) untersucht. Es wird der Versuch unternommen, den Einfluß der verschiedenen Parameter auf die Kapillarstruktur vom Standpunkt der Dehydratation und Entladung, der Phasenbildung durch Segregation und der nach *Thiele* und *Hallich* [5] bekannten tropfigen Entmischung bei der ionotropen Gelbildung zu interpretieren. Ferner werden im Vergleich dazu Kapillarstrukturen in Polymergelen, die bei der Gelbildung von nichtionischen Polymeren aus nichtwäßrigen oder wäßrigen Systemen entstehen, diskutiert.

Es wurde gefunden, daß die Gelbildung sowie die Eigenschaften der Gele einschließlich ihres strukturellen Aufbaus mittels verschiedener geometrischer Versuchsanordnungen hinsichtlich der Diffusion des gelbildenden Elektrolyten in das Polyelektrolytsol verfolgt und untersucht werden kann. Eine flächig-parallele Diffusionsanordnung ist in entsprechenden Küvetten, wie sie im Fall III (Bild 1) schematisch dargestellt ist, besonders geeignet, die horizontale Diffusionsgrenzschicht bzw. Gelbildungszone mikroskopisch zu verfolgen und die Kapillarenbildung in Abhängigkeit von den einzelnen Einflußgrößen zu untersuchen. Diese Tatsache schließt jedoch nicht aus, daß in den nach Versuchsanordnung I und II hergestellten Gebilden (ionencharakteristische Gelsphäritenscheiben — Gelscheiben — im Fall I und Gelsphärite — Gelkügelchen — im Fall II) nicht ebenfalls Kapillarstrukturen ausgebildet werden, wenn dieselbe Kombination Elektrolyt/Polyelektrolyt-Sol verwendet wird, die im Fall III zu einer Kapillarenausbildung führt. Über die Versuchsergebnisse der geordneten Gelbildung durch zentrifugale [6] bzw. zentripetale [7] Diffusion von verschiedenen Elektrolyten in den Polyelektrolyten Na-Cellulosexanthogenat sowie auch über Vorstellungen zum Mechanismus, der zur Ausbildung von Kapillarstrukturen in Gelen führt, ist in früheren Mitteilungen berichtet worden.

2. *Experimentelles*

Da die Dimensionen der Kapillaren von der Zeit der Gelbildung nach der frontalen Überschichtung des Soles mit der Elektrolytlösung abhängen — der Kapillardurchmesser nimmt mit der Geldicke zu —, mußte eine Methode gefunden werden, die es bequem gestattet, die Gel- und Kapillarenbildung nach einer bestimmten Zeit zu unterbrechen und die Kapillaren in der Aufsicht, also im Schnitt senkrecht zum Kapillarenverlauf und parallel zur Diffusionsfront, ohne Anfertigung von Gelschnitten in Abhängigkeit von den einzelnen Versuchsparametern auszumessen. Die Anwendung von Schnittechniken erscheint infolge der Deformation des Geles, der Schwierigkeiten bei der Untersuchung von Gelstrukturen in gleichen Abständen von der Sol/Gel-Grenzfläche und des Zeitverlustes durch eine solche Präparation wenig geeignet. Es wurde deshalb folgende einfache und brauchbare Versuchsanordnung gewählt:

Ein Rundfilter (z. B. $d = 40$ bis 50 mm) wurde mit der Elektrolytlösung getränkt und damit das PEL-Sol in geeigneten Küvetten oder Petrischalen (Durchmesser: 55 mm, Höhe: 10 mm) plan und erschütterungsfrei zur Ausbildung einer möglichst gleichmäßigen, frontalen Diffusionsfront und geradlinigen Kapillarenbildung im absteigenden Ionenstrom überschichtet. Nach 120 s wurde die Gelbildung durch Abheben des Rundfilters mit dem Gel unterbrochen und die anhaftende Gelschicht vom Filter bzw. vom anhaftenden Sol und Vorzonengel im Wasser getrennt. Die Gelschicht wurde auf einem Objektträger „solseitig" unter dem Mikroskop bei 100- bzw. 400facher Vergrößerung zur Ausmessung der Kapillardurchmesser und Auszählung der Kapillaren pro Fläche untersucht. Die angegebenen Werte für Durchmesser und Anzahl der Kapillaren pro Fläche sind Mittelwerte aus mehreren Messungen (30 bis 50 Werte). Es ist zu berücksichtigen, daß die Kapillarenausbildung ionenspezifisch erfolgt, so daß auch dadurch die Fehler für Kapillardurchmesser und Anzahl pro Fläche in den einzelnen Gelen beeinflußt werden. Der Fehler nimmt deshalb mit Abnahme der Regelmäßigkeit für Kapillardurchmesser und Verteilung sowie wachsendem Kapillardurchmesser zu.

Mit der gewählten Methode wurden die direkten Überschichtungsversuche mit Elektrolytlösung umgangen, da sie nicht immer eine genügend plane Diffusionsfront ergaben. Mit dem Aufsetzen des elektrolytgetränkten Filterpapiers auf die Solschicht entsteht eine Gelmembran, die das Filter trägt, so daß es, wenn es gleichmäßig aufgesetzt wird, nicht einsinkt. Die Gelbildung kann auch nach anderen Zeiten unterbrochen werden, als oben angegeben ist, z. B. schon nach 5 s.

Die verwendeten Na-Cellulosexanthogenatsole (NaCX), deren Herstellung in einer früheren Arbeit beschrieben wurde, wurden durch die Cellulosekonzentration, den Substitutionsgrad (DS $< 0{,}40$), den DP (Cuoxam DP $= 520$), die Viskosität, den pH-Wert, das Molverhältnis NaOH/NaCX sowie durch die Konzentration an freiem CS_2 ($\sim 10^{-3}$ m) und Schwefelnebenprodukten ($\sim 10^{-4}$ bis 10^{-5} m) charakterisiert.

Die benutzten Na-Carboxymethylcellulosen (Na/CMC)[2]) besaßen folgende Charakteristik:

Na/CMC	DP	DS
C 300	460	0,70
CB 200	320	0,75

Die NaCMC-Solkonzentration war 1- bzw. 2%ig.

3. *Versuchsergebnisse und Diskussion*

3.1. *Gegenion, NaCX- und NaCMC-Sol*

Aus der Beurteilung der Struktur von verschiedenen Metall-CX-Gelkugeln [7] und orientierenden Vor-

[1]) PEL-Sol = Polyelektrolytsol.

[2]) TYLOSE, Farbwerke Hoechst AG, Frankfurt/M.-Höchst, BRD. Weitere Eigenschaften dieser Produkte sind dem Prospektmaterial über TYLOSE der Fa. Hoechst AG zu entnehmen.

Tabelle 1. Eigenschaften von Metall-CX-Gelen durch frontale Diffusion des Elektrolyten in das 1%ige NaCX-*Sol* (1%ig *an Cellulose*) *nach* 120 s

Elektrolyt	Kapillarstruktur der MeCX-Gele
0,35 n $TlNO_3$ 1 n $Zn(NO_3)_2$	regelmäßig, rund, geradliniger Verlauf, dichte Packung
1 n $Ni(NO_3)_2$	Kapillarwirrwarr, kein geradliniger Verlauf
1 n $Co(NO_3)_2$	vereinzelt Kapillaren, ungleichmäßig, in traubenförmigen Gruppen angeordnet, Gel keine mechanische Festigkeit
1 n $Fe(NO_3)_3$	wenig, uneinheitliche, ovale Kapillaren, in Abständen, kein geradliniger Verlauf (pH der Elektrolytlösung: 1,5)
1 n $Cu(NO_3)_2$ 1 n $Cd(NO_3)_2$ 1 n $Pb(NO_3)_2$	lichtmikroskopisch keine Kapillaren, weiche, trübe und gefärbte Gele
1 n HNO_3	vereinzelt größere Kapillaren, schwanken stark im Durchmesser um 250···450 µm
1 n H_2SO_4	wie 1 n HNO_3, jedoch größere Anzahl pro Fläche, Durchmesser: 200···300 µm

versuchen zur flächig parallelen Gelbildung geht hervor, daß die Elektrolyte $Zn(NO_3)_2$ und $TlNO_3$ mit dem NaCX-Sol besonders regelmäßige, geradlinig verlaufende Kapillarstrukturen in den Gelen bilden, die für eine Untersuchung der Kapillarstruktur in Abhängigkeit von verschiedenen Versuchsparametern geeignet erschienen. Mit anderen Kationen konnte bei NaCX eine solche Untersuchung nicht durchgeführt werden, wie aus der Tabelle 1 hervorgeht.

Unter Standardbedingungen (Sol 1%ig, 120 s) besitzen beim NaCX die Kapillaren in dem TlCX-Gel einen bedeutend kleineren Durchmesser und eine höhere Anzahl/cm² im Vergleich zu dem der Kapillaren in dem ZnCX-Gel, wie der Tabelle 2 zu entnehmen ist. Die Anzahl der Kapillaren pro Fläche ist naturgemäß ihrem Durchmesser indirekt proportional, wenn ein zusammenhängendes Kapillarnetz vorliegt.

Im Gegensatz zu anderen Polyelektrolyten, z. B. dem Na-Alginat (Polymannuronsäure), treten mit H-Ionen (1 n HNO_3 oder 1 n H_2SO_4) beim NaCX — aus wenig nachgereiften Viskosen hergestellt — vereinzelt große Kapillaren auf. Die Neigung zur Ausbildung dieser großen Dehydratationskanäle nimmt bei NaCX-Solen, die aus stark abgereiften Viskosen hergestellt werden, ab. Die Werte für die stark schwankenden Durchmesser dieser Kapillaren sind der Tabelle 1 zu entnehmen. Unter dem Einfluß der H-Ionen wird die Cellulosexanthogensäure [8] zersetzt, d. h. die Xanthogenatgruppen als wichtigste Hydratationszentren vom Cellulosemolekül abgespalten. Das entstehende Hydrat-

Tabelle 2. Kapillardurchmesser und Kapillaranzahl/Fläche in MeCX-*Gelen nach* 120 s *Gelbildung*

Elektrolyt	Kapillardurchmesser µm	Anzahl Kapillaren/cm²
0,35 n $TlNO_3$	6,5	2×10^6
1 n $Zn(NO_3)_2$	16···19	3×10^5

*Tabelle 3. Eigenschaften von Metall-*CMC-*Gelen durch frontale Diffusion des Elektrolyten in das 1%ige* Na/CMC-*Sol nach* 60 s

Elektrolyt	Kapillarstruktur der Me-CMC-Gele
1 n $Pb(NO_3)_2$	regelmäßig, rund, große Abstände zwischen den Kapillaren
1 n $La(NO_3)_3$	regelmäßig, dichte Kapillaranordnung, z. T. polyedrisch verformt
1 n $Ce(NO_3)_3$	rund-oval, dichte Kapillaranordnung
1 n $Cu(NO_3)_2$	regelmäßig, dichtes Kapillarnetz
1 n $Cr(NO_3)_3$	regelmäßige Kapillaren
1 n $Th(NO_3)_4$	rund, unregelmäßige Verteilung der Kapillaren, geringe mechanische Festigkeit
1 n $Al(NO_3)_3$	Kapillaren in Durchmesser und Verteilung unregelmäßig, weiches Gel
1 n $Fe(NO_3)_3$	wie bei $Al(NO_3)_3$, z. T. Gruppenanordnung
1 n $AgNO_3$	keine Kapillarstruktur

cellulosegel schrumpft unter Abgabe von Hydratationswasser. In dieser Phase erfolgt der Start zur Ausbildung von großen, unregelmäßigen und vereinzelt auftretenden Dehydratationskanälen.

In der Tabelle 3 sind die Eigenschaften der Metall-CMC-Gele, die bei der Diffusion der entsprechenden Gegenionen in das NaCMC-Sol Kapillarstrukturen ausbilden, zusammengestellt.

Aus der Tabelle 3 ist zu entnehmen, daß Pb, La-, Ce-, Cr- und Cu-Ionen Gele mit relativ gleichmäßiger Kapillarstruktur bilden, während Al-, Fe- und Th-Ionen zwar CMC-Gele mit Kapillarstrukturen erzeugen, die jedoch im Durchmesser und in Verteilung unregelmäßig sind.

Im einzelnen weisen die Kapillaren in den jeweiligen Me-CMC-Gelen die aus Tabelle 4 zu entnehmenden mittleren Durchmesser sowie Kapillaranzahlen pro Fläche auf.

Die Kapillardurchmesser der einzelnen Me-CMC-Gele folgen somit der Gegenionenreihe

$$Th^{4+} < Pb^{2+} < La^{3+} - Ce^{3+} \ll Al^{3+} - Cu^{2+} < Cr^{3+} < Fe^{3+}.$$

Die Kapillaranzahl pro Fläche nimmt in dieser Reihenfolge ab, zumal neben der Zunahme des Kapillardurchmessers nicht immer ein dichtes Kapillarnetz

Tabelle 4. Kapillardurchmesser und Kapillaranzahl/Fläche in Me-CMC-*Gelen* (NaCMC-*Sole:* 1%ig) *nach* 60 s *Gelbildung*

Elektrolyt	Mittlerer Kapillardurchmesser µm		Standardabweichung ± µm		Kapillaren/mm²	
	CB 200	C 300	CB 200	C 300	CB 200	C 300
1 n $Pb(NO_3)_2$	9	11	1	3	3030	3660
1 n $La(NO_3)_3$	20	19	4	5	1500	1030
1 n $Ce(NO_3)_3$	19	28	5	6	1400	1000
1 n $Th(NO_3)_4$	8*)	8	2	2	4670	4880
1 n $Al(NO_3)_3$	46*)	51	11	10	260	255
1 n $Cu(NO_3)_2$	51	51	9	7	385	400
1 n $Cr(NO_3)_3$	79	92	18	25	125	70
1 n $Fe(NO_3)_3$	125	75	36	15	24	64

*) NaCMC-Sol — 2%ig

vorliegt, wodurch die Anzahl der Kapillaren pro Fläche zu einem Richtwert wird. In der Größe des Kapillardurchmessers ist ein Zusammenhang zwischen den Pb-, La-, Ce- und Th-CMC-Gelen zu sehen, die Kapillardurchmesser von ca. 20 µm besitzen, während die Al-, Fe-, Cr- und Cu-CMC-Gele Kapillaren mit größeren und z. T. unregelmäßigeren Durchmessern von 50 bis 80 µm aufweisen. Die durch Pb-Ionen gebildeten Pb-CMC-Gele fallen durch ihre verhältnismäßig großen Kapillarabstände auf, die aber im Vergleich zu den in den Th- und Fe-CMC-Gelen sehr regelmäßig sind. Aus dem mikroskopischen Bild und einer Fehlerberechnung geht hervor, daß die Pb- und La-Gele (CMC = CB 200) sowie auch die Th-Gele die gleichmäßigsten Kapillaren hinsichtlich ihres Durchmessers aufweisen. Bei den Al-, Cu-, Fe- und Cr-Gelen ist eine stärkere Standardabweichung vorhanden. Ein signifikanter Einfluß durch den geringen DP-Unterschied der beiden Na-CMC-Proben CMC-CB 200 (DP = 320) und CMC-C 300 (DP = 460) wird auf die Kapillarstruktur nicht ausgeübt, wenn man von der Tendenz zu kleineren Kapillardurchmessern bei Pb-, Ce-, Al- und Cr-Gelen absieht.

Aus diesen Ergebnissen geht hervor, daß Durchmesser und Anzahl der Kapillaren pro Fläche bei beiden cellulosischen Polyelektrolyten vom gelbildenden Kation abhängen. Die Ursache für die Kapillarbildung kann nicht nur durch unterschiedliche Diffusionsgeschwindigkeiten und durch bestimmte Ionengrenzaktivitäten für das jeweilige Gegenion, wie aus den weiteren Untersuchungen hervorgeht, erklärt werden, sondern muß im Zusammenhang mit der Hydratation bzw. Dehydratation bei der Bildung der einzelnen Metall-Polyelektrolytsalze sowie mit deren spezifischen Bindungsverhältnissen [9] und der geometrischen Anordnung für die Gelbildungsfront betrachtet werden. Es muß durch weitere Untersuchungen geklärt werden, inwieweit neben den spezifischen Affinitätsverhältnissen PEL-Gegenion, der polarisierenden Wirkung der Gegenionen und Polarisierbarkeit der ionischen Gruppen, sterischen Bedingungen und Solvatation [9] weitere Faktoren, wie z. B. die Oberflächenspannung, für den Mechanismus der Gel- und Kapillarbildung verantwortlich sind. Die Ursache dafür, daß bei den Polyelektrolyten Na-Cellulosexanthogenat und Na-Carboxymethylcellulose nur ganz bestimmte, aber verschiedene Kombinationen PEL-Gegenion zu einer geordneten Gel- und unterschiedlichen Kapillarbildung führen, ist in den diskutierten Faktoren zu sehen. So ist auch zu verstehen, daß bei den verschiedenen anionischen Polysacchariden mit Carboxylgruppen [1] (Na-Alginat, Na-Pektinat, NaCMC) durch die gleichen Ionen eine geordnete Gel- und Kapillarbildung erzielt werden kann, während für den Polyelektrolyten Na-Cellulosexanthogenat [2] und auch für Na-Polyacrylat [5, 9] andere Gegenionen erforderlich sind.

3.2. Lösungszustand des Na-CX-Sols („Nachreife")

Bei der Gelbildung durch Überschichten des NaCX-Soles mit 1 n $Zn(NO_3)_2$-Lösung zeigte sich in Abhängigkeit von der „Nachreifezeit" des 1%igen Soles — vom Zeitpunkt seiner Herstellung an — ein unterschiedliches Bild von Kapillaren in bezug auf Anzahl, Verteilung und Durchmesser. Erfolgt die Gelbildung sofort nach Herstellung des 1%igen NaCX-Soles aus

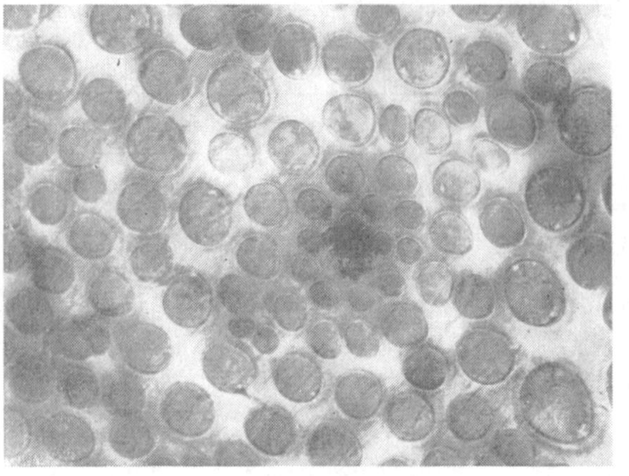

Bild 2. Uneinheitliche Kapillarstruktur im Querschnitt, 1% NaCX + 1 n $Zn(NO_3)_2$, sofort nach der Herstellung des NaCX-Soles, Viskosereife: 20 °H, 125:1

einer Viskose mit einem Reifezustand von 20° *Hottenroth*[3]), so ergibt sich eine völlig uneinheitliche Kapillarstruktur, wie sie im Bild 2 dargestellt ist. Die Kapillaren treten vereinzelt oder in Gruppen mit sehr unterschiedlichen Durchmessern auf; z. T. ist auch die Anordnung der Kapillaren in den Gruppen sternförmig, d. h. ihr Verlauf erfolgt nicht parallel zum Ionenstrom, wodurch auch ein ovaler Querschnitt zustande kommt. Wird das Sol bei Zimmertemperatur in den flachen Petrischalen aufbewahrt und die Gelbildung in Abhängigkeit von der „Nachreifezeit" des NaCX-Soles wiederholt, so verändert sich das Strukturbild, die Kapillarstruktur wird dichter und ihre Durchmesser werden einheitlicher, wie im Bild 3 nach 4 h zu erkennen ist.

[3]) *Hottenroth*-Reife — Grad des Reifezustandes der Viskose. Zur Bestimmung der *Hottenroth*-Reife werden 20 g Viskose in einem dickwandigen Glasbecher eingewogen. mit 30 ml aqua dest. verdünnt und mit 10%iger NH_4Cl-Lösung unter Rühren zur Koagulation gebracht. Der Endpunkt der Koagulation ist dadurch gekennzeichnet, daß ein Geltropfen an dem Rührstab (⌀ 1 cm) hängen bleibt.

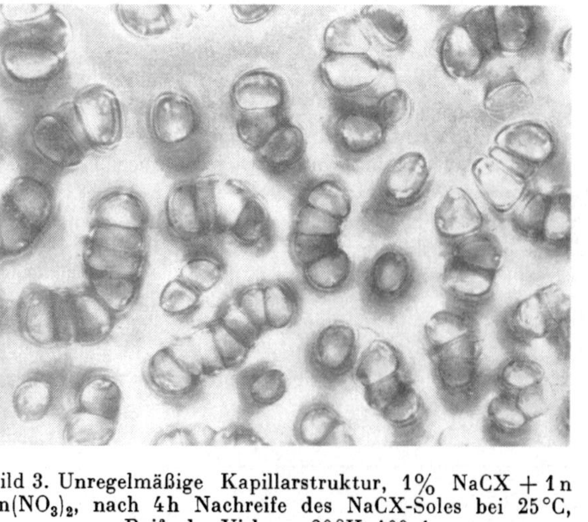

Bild 3. Unregelmäßige Kapillarstruktur, 1% NaCX + 1 n $Zn(NO_3)_2$, nach 4 h Nachreife des NaCX-Soles bei 25 °C, Reife der Viskose: 20 °H, 100:1

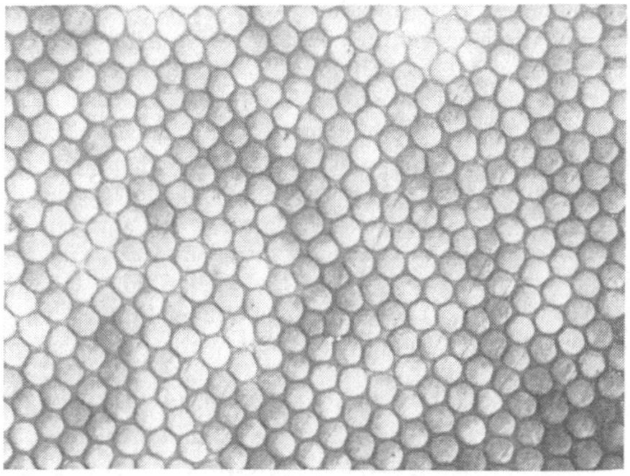

Bild 4. Dichte und regelmäßige Kapillarstruktur, 1% NaCX + 1 n $Zn(NO_3)_2$, nach 8 h Nachreife des NaCX-Soles bei 25 °C, Reife der Viskose: 20 °H, 160:1

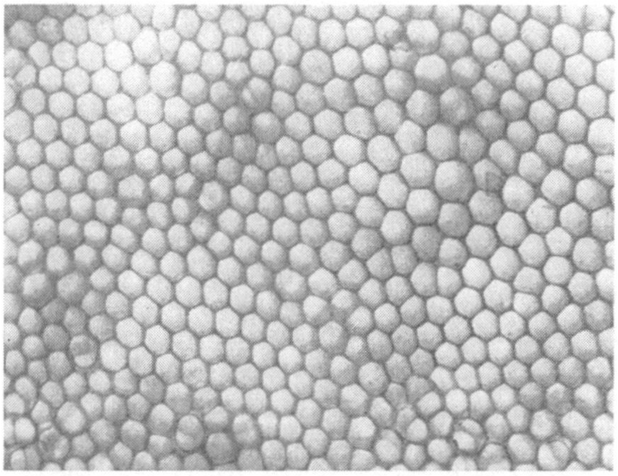

Bild 6. Dichte, ungleichmäßige Kapillarstruktur, 1% NaCX + 1 n $Zn(NO_3)_2$, sofort nach der Herstellung des NaCX-Soles aus einer stark nachgereiften Viskose, Reife der Viskose: ≧ 3 °H, 120:1

Bei Benutzung des gleichen NaCX-Soles nach 6 bis 10 h Nachreife bei 25 °C zur Gelbildung entsteht die im Bild 4 wiedergegebene dichte und relativ gleichmäßige Kapillarstruktur mit Durchmessern von 16 bis 19 μm und etwa 300000 Kapillaren pro cm^2. Diese Kapillarstruktur beim ZnCX-Gel dient bei der Untersuchung der Kapillarenbildung in Abhängigkeit von verschiedenen Versuchsparametern als Ausgangs- bzw. Vergleichspunkt für andere Kapillarstrukturen.

Die Kapillarenbildung mit $Zn(NO_3)_2$-Lösung wird bedeutend uneinheitlicher, wenn von einem NaCX-Sol ausgegangen wird, das aus ganz frischen bzw. wenig nachgereiften Viskosen (*Hottenroth*-Zahl > 45) hergestellt wurde. In solchen NaCX-Solen ist die Neigung zur Kapillarenbildung geringer, wie das Bild 5 beweist. Zwischen den in Gruppen angeordneten Kapillaren liegen größere, im Lichtmikroskop unstrukturierte Zwischenräume. Die in Gruppen angeordneten Kapillaren weisen Durchmesser zwischen 10 und 30 μm auf, während die Durchmesser der nicht dicht gelegenen und ungleichmäßig verteilten Kapillaren bis 80 μm betragen können. Mit der Nachreifezeit des NaCX-Soles vergleichmäßigt sich das Strukturbild, so daß die Kapillarenbildung nach 24 h bei 25 °C Nachreife des Soles mit 1 n $Zn(NO_3)_2$-Lösung dicht und gleichmäßig wie im Bild 4 erfolgt. Die Anzahl der Kapillaren mit 13 bis 16 μm im Durchmesser beträgt dann ca. 400000/cm^2.

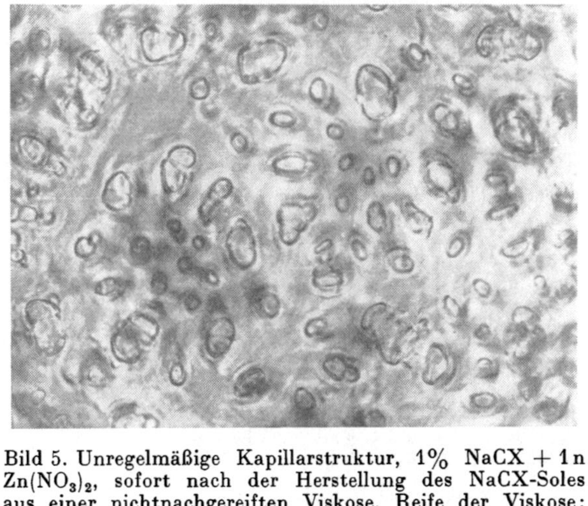

Bild 5. Unregelmäßige Kapillarstruktur, 1% NaCX + 1 n $Zn(NO_3)_2$, sofort nach der Herstellung des NaCX-Soles aus einer nichtnachgereiften Viskose, Reife der Viskose: ≧ 45 °H, 65:1

Bei Verwendung von NaCX-Solen aus Viskose mit extrem niedrigen *Hottenroth*-Zahlen (2,5 bis 4 °H), d. h. die Viskosen befinden sich in einem sehr koagulationsnahen Zustand, ergibt sich sofort nach der Herstellung des NaCX-Soles mit 1 n $Zn(NO_3)_2$ zwar ein dichtes Kapillarnetz, jedoch sind die Kapillaren z. T. deformiert und differieren stark in ihren Durchmessern (20 bis 40 μm, aber auch 15 und 55 μm), wie es Bild 6 wiedergibt. Mit wachsender „Nachreife" eines solchen NaCX-Soles wird seine Stabilität infolge weiterer sich abspaltender Xanthogenatgruppen geringer, so daß es sich schließlich von selbst zu einem Gel verfestigt. Erfolgt während dieses Prozesses der „Eigenkoagulation" durch Diffusion von Zn-Ionen Kapillarenbildung, so weisen sie größere Durchmesser auf und sind uneinheitlich. Unter diesen Bedingungen kann mit Zn-Ionen ein Wirrwarr von Kapillaren entstehen. In einem bereits von selbst verfestigten NaCX-Gel werden nach Überschichtung mit Elektrolytlösung keine Kapillaren mehr ausgebildet.

Die schematische Darstellung im Bild 7 veranschaulicht noch einmal die Kapillarenbildung mit 1 n $Zn(NO_3)_2$ aus NaCX-Solen nach unterschiedlichen Nachreifezeiten und solchen, die aus Viskosen verschiedener Reifegrade hergestellt werden.

Es kann festgestellt werden, daß mit zunehmender Nachreife des NaCX-Soles unter den gewählten Bedingungen mehr Kapillaren pro Fläche im ZnCX-Gel gebildet werden. Die Regelmäßigkeit der Kapillaren nimmt zu und ihre Durchmesser werden kleiner. Bei Verwendung eines Soles aus extrem weit abgereifter Viskose tritt zwar unmittelbar nach der Herstellung ein dichtes Kapillarnetz auf, jedoch sind die Durchmesser wieder größer und uneinheitlicher als unter Standardbedingungen. In diesem Falle wird mit fortschreitender Nachreife keine wesentliche Vergleich-

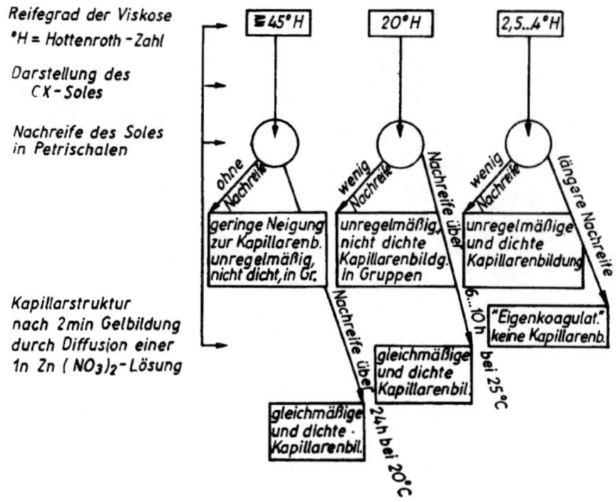

Bild 7. Schematische Darstellung der Kapillarenbildung in Abhängigkeit vom Reifegrad der Viskose und der Nachreifezeit des 1%igen NaCX-Soles

mäßigung und Verkleinerung der Kapillardurchmesser mehr erreicht.

Bei der Kapillarenbildung durch Tl-Ionen beeinflußt der Solzustand ebenfalls das Kapillarenbild in der oben dargestellten Weise, jedoch bei weitem nicht in dem Maße, wie es durch das Zn-Ion erfolgt. Mit Tl-Ionen werden nach kürzeren Nachreifezeiten der NaCX-Sole Gele mit dichter und einheitlicher Kapillarstruktur (Durchmesser: 6,5 bis 8 μm, $2 \cdot 10^6$ Kapillaren/cm²) erhalten, wie sie im Bild 8 licht- und elektronenmikroskopisch dargestellt sind. Diese Tatsache spricht auch dafür, daß das Tl-Ion eine größere Richtwirkung sowie ein größeres Koagulationsvermögen auf das Na-Cellulosexanthogenat ausübt als das Zn-Ion, wie später noch weiter ausgeführt wird.

Bei der NaCMC ist naturgemäß ein solcher Einfluß des Solzustandes auf die Kapillarenbildung nicht vorhanden.

Die Ursache der Vergleichmäßigung der Kapillarenbildung mit zunehmender Nachreife des NaCX-Soles muß in einer Veränderung des Substitutionsgrades (Umxanthogenierung, DS-Verringerung) und des Hydratationszustandes des NaCX-Moleküles gesehen werden. Mit der sogenannten Nachreife des Soles wird die Hydratation des Na-Cellulosexanthogenates verringert, denn einmal werden Xanthogenatgruppen als wichtigste Hydratationszentren abgespalten und zum anderen bilden sich durch die Hydrolyse aus dem abgespaltenen CS_2 Salzverbindungen wie Na_2CS_3 und Na_2S, die in geringen Konzentrationen das Sol vordehydratisieren (Viskositätseinfluß). Durch diese Vordehydratisation des Soles wird die Neigung zur Kapillarenbildung erhöht, wie später auch an Na-Alginat durch nichtgelbildende Elektrolytzusätze deutlich gezeigt wird. Bei höherem Gehalt an Elektrolyten im Sol durch den Nachreifeprozeß nimmt die Regelmäßigkeit der Kapillarenbildung wieder ab, auch sind die Kapillardurchmesser größer. Der Anstieg der Kapillardurchmesser aus Solen mit einem hohen, nichtgelbildenden Elektrolytgehalt muß, wie *Hallich* [5] und *Schik* [5] vergleichsweise an Alginat- und Polyacrylatgelen gezeigt haben, ebenfalls in einer Verminderung der Ionenaktivität der kapillarbildenden Ionen an der Gelbildungsfront gesehen werden.

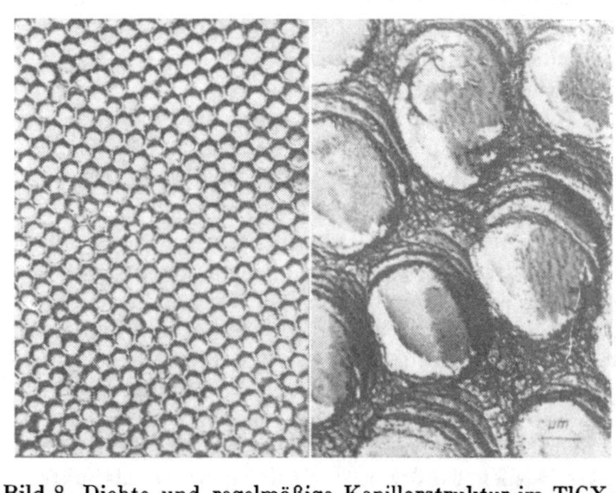

Bild 8. Dichte und regelmäßige Kapillarstruktur im TlCX-Gel, lichtmikroskopisch und elektronenmikroskopisch nach Gefrierätzung, Kapillardurchmesser ca. 5 μm.

3.3. Elektrolytkonzentration

Für die Untersuchung des Einflusses der Elektrolytkonzentration und anderer Parameter auf die Kapillarstruktur wurde von einer mit 1 n $Zn(NO_3)_2$ und 1%igen NaCX erhaltenen dichten und regelmäßigen Kapillaranordnung im ZnCX-Gel ausgegangen. In der Tabelle 5 sind die Kapillardurchmesser und — soweit möglich — die Anzahl Kapillaren pro cm² in Abhängigkeit von der $Zn(NO_3)_2$- und $TlNO_3$-Konzentration beim 1%igen NaCX-Sol nach jeweils 2 min Gelbildung zusammengestellt.

Mit abnehmender Ionenkonzentration nimmt der Kapillardurchmesser in Analogie zu Literaturergebnissen sowohl für $Zn(NO_3)_2$ als auch für $TlNO_3$ zu und die Anzahl Kapillaren/Fläche ab (Tabelle 5). Die Kapillaren sind auch dann nicht mehr in einem dichten Kapillarnetz angeordnet. Bei mit 0,35 n $Zn(NO_3)_2$ hergestellten Gelen liegen bereits größere strukturfreie Zwischenräume zwischen den Kapillaren im Gegensatz zu

Tabelle 5. Kapillardurchmesser in Abhängigkeit von der Elektrolytkonzentration

Elektrolyt-konzen-tration	Kapillar-durchmesser in μm		Anzahl Kapillaren/cm²	
	$TlNO_3$	$Zn(NO_3)_2$	$TlNO_3$	$Zn(NO_3)_2$
2,0 n	—	14…16	—	$4 \cdot 10^5$*)
1,0 n	—	17…19	—	$3 \cdot 10^5$*)
0,5 n	—	24…27	—	$1{,}5 \cdot 10^5$*)
0,35 n	6,5 (5 μm)	35—40	$2{,}10^6$*)	$7{,}5 \cdot 10^4$
0,2 n	—	50…70	—	$2{,}5 \cdot 10^4$
0,1 n	6,5 (8 μm)	80…110	$1{,}35 \cdot 10^6$*)	$1 \cdot 10^4$
0,05 n	8(6,5–9 μm)	50…80	$1 \cdot 10^6$*)	nicht anzugeb.
0,04 n	15…25	nur vereinz.	$0{,}5 \cdots 1{,}5 \cdot 10^5$*)	nicht anzugeb.
0,02 n	20…35	keine Kap.	$3 \cdot 10^4$	—
0,01 n	keine Kap.		—	—
0,005 n	keine Kap.		—	—

*) ca. ± 50000 Kapillaren infolge Streuung der Kapillardurchmesser

0,35 n $TlNO_3$. Mit weiter fallender Ionenkonzentration werden Durchmesser und Verteilung der Kapillaren pro Fläche uneinheitlicher, so daß die Angaben in Tabelle 5 nur als orientierende Werte zu betrachten sind. Von 0,01 n Elektrolytlösungen an konnten unter den gewählten Versuchsbedingungen in den dünnen Gelen keine Kapillaren beobachtet werden. Mit Ionenkonzentrationen $< n/100$, z. B. $n/1000$ $TlNO_3$ oder $Zn(NO_3)_2$, wurde an NaCX in anderer Versuchsanordnung nach längeren Gelbildungszeiten (z. B. 72 h) nachgewiesen, daß sich zwar ein 3 bis 4 mm starkes Gel bildet, das jedoch homogen ist und keine Kapillaren aufweist. Diese Ionenkonzentration reicht aber bereits aus, um die NaCX-Moleküle im Gel zu ordnen (Doppelbrechung). Dieser Anisotropieeffekt könnte für die Ausbildung von Strukturen in Celluloseregeneratfäden, die nach einer $ZnSO_4$-Technologie hergestellt werden, von Bedeutung sein.

In Übereinstimmung mit den Ergebnissen von *Thiele* und *Hallich* [5] läßt sich der Einfluß der Ionenkonzentration auf die Kapillarstruktur folgendermaßen deuten: Voraussetzung für die Gelbildung ist eine partielle Entladung und Dehydratation durch die Wechselwirkung der Ionen mit den PEL-Molekülen, die eine Phasentrennung und tropfige Entmischung auslösen. Die Geschwindigkeit der Gelbildung hängt von der Menge der in der Zeiteinheit in das Sol diffundierenden gelbildenden Metallionen ab. Gemäß dem 1. *Fick*schen Gesetz diffundieren deshalb in einer bestimmten Zeit aus einer konzentrierten Elektrolytlösung mehr Ionen in das Sol als aus einer verdünnten Lösung. Dementsprechend erfolgt bei hoher Elektrolytkonzentration die Segregation des Soles über das Vorzonengel in Gelphase und Dehydratationswasser schneller, die einzelnen Phasen der Gelbildung werden rascher durchlaufen. Die Gelphase wird anschließend sofort verfestigt, d. h. in einen Zustand gebracht, in dem ein Zusammenfließen zu größeren Tröpfchen und Kapillaren (Start) unterbleibt, so daß im Gel dann eine Struktur erscheint, die viele Kapillaren mit kleineren Durchmessern aufweist. Bei geringer Elektrolytkonzentration sind die Vorgänge langsamer, größere Kapillaren sind die Folge. Bleibt die Kapillarenbildung bei noch geringeren Ionenkonzentrationen aus, so ist entweder die segregierte Menge des Dehydratationswassers so gering, daß sie nicht mehr zur Tröpfchenbildung bei der langsamen Gelbildung ausreicht, oder die Tröpfchen mischen sich bei der geringen gelbildenden Ionenkonzentration und Gelbildungsgeschwindigkeit mit dem Sol. Diese Erscheinungen sind mit den Vorgängen bei der Kristallisation durch rasche bzw. langsame Abkühlung zu vergleichen.

Tabelle 6. Kapillarstruktur und Anisotropie in Tl- *und* ZnCX-Gelen

Gegenion	Doppelbrechung Gangunterschied in nm 1	2	Kapillardurchmesser µm	Anzahl Kapillaren/cm^2
Tl^+, 0,35 n	287 (150)	289 (147)	6,5	$2 \cdot 10^6$
Zn^{2+}, 1,0 n	35,31	46,26	16 ... 19	$3 \cdot 10^5$

Bei einem Vergleich der Werte für die Kapillardurchmesser und für den Anisotropie-Effekt (Doppelbrechung als Gangunterschied) bei Tl- und ZnCX-Gelen konnte der aus der Literatur bekannte antibathe Zusammenhang bei ionotropen Gelen [5], wie aus der Tabelle 6 hervorgeht, bestätigt werden.

Danach bilden stark ordnende Ionen (Tl^+ beim NaCX) Gele mit kleinen Kapillardurchmessern sowie größerer Anzahl und schwächer richtende Ionen (Zn^{2+} beim NaCX) Gele mit weniger, großen Kapillaren, zumal die Ionenkonzentration 0,35 n TlNO (gesättigte Lösung) im Vergleich zu 1,0 n $Zn(NO_3)_2$ noch differieren. Die Werte für die Doppelbrechung (Gangunterschied in nm) sind beim TlCX-Gel trotz einer großen Fehlerbreite um ein Mehrfaches höher als beim ZnCX-Gel, während die Kapillardurchmesser bei TlCX-Gelen unter den Versuchsbedingungen etwa ein Drittel des Wertes von denen bei ZnCX-Gelen betragen. Dieser antibathe Zusammenhang zwischen Anisotropie der Gele und ihren Kapillardurchmessern charakterisiert die spezifische Wechselwirkung des jeweiligen Gegenions mit dem Polyelektrolytmolekül.

3.4. *Elektrolytanionen*

Unter Verwendung der dichten und regelmäßigen ZnCX-Kapillarstruktur, die aus einem 1%igen NaCX-Sol mit 1 n $Zn(NO_3)_2$ erhalten wird, läßt sich der Einfluß des Anions verschiedener Zn-Salze auf das Kapillarbild prüfen. Die Tabelle 7 gibt den Einfluß des Anions auf die Kapillarstruktur wieder.

Aus der Tabelle 7 geht hervor, daß die verschiedenen Anionen bei gleicher Ionenkonzentration einen spezifischen Einfluß auf die Kapillarenbildung im ZnCX-Gel ausüben. Die Kapillardurchmesser nehmen für beide NaCX-Konzentrationen von $ZnCl_2$ und $Zn(NO_3)_2$ über das $Zn(CH_3COO)_2$ zum $ZnSO_4$ anionenspezifisch zu. Der pH-Wert der Zn-Salzlösungen übt hier nicht, wie im Abschnitt 3.7 noch an $Zn(NO_3)_2/HNO_3$-Gemischen gezeigt wird, den entscheidenden Einfluß auf die Kapillarstruktur aus. Bei einer Erniedrigung der H-Ionenkonzentration der 1 n $ZnSO_4$-Lösung von pH

Tabelle 7. Kapillarstruktur in Abhängigkeit vom Elektrolytanion (Zn-*Salze*)

Elektrolyt 1 Zn	pH	Kapillardurchmesser µm NaCX: 1%	NaCX: 2%	Anzahl der Kapillaren/cm^2 NaCX = 1%	NaCX = 2%
$ZnCl_2$	5,9	15···17,5	6···8	$3{,}2 \cdot 10^5$	$1{,}6 \cdots 1{,}8 \cdot 10^6$
$Zn(NO_3)_2$	5,7	16···19	6···8	$3 \cdot 10^5$	$1{,}6 \cdots 1{,}8 \cdot 10^6$
$Zn(CH_3COO)_2$	6,1	25···35	7···9,5	$1 \cdots 1{,}5 \cdot 10^5$	$1{,}1 \cdots 1{,}2 \cdot 10^6$
$ZnSO_4$	2,4	50···85 nichtdicht, unregelmäßig	8···9,5	ca. $2{,}5 \cdot 10^4$	$0{,}8 \cdots 0{,}9 \cdot 10^6$

Tabelle 8. Diffusionskoeffizienten von Zn-*Salzen gegen* H_2O

Elektrolyt	Diffusionskoeffizient D (cm^2/24 h) gegen H_2O bei 20 °C
1 n $ZnCl_2$	0,777
1 n $ZnNO_3$	0,772
1 n $ZnSO_4$	0,400
2 n $Zn(CH_3COO)_2$	0,210 (bei 18 °C)

= 2,4 auf pH = 5,8 (pH der übrigen Zn-Salzlösungen) zeigt sich der spezifische Sulfatanionen-Einfluß; das Kapillarbild gibt eine ähnliche Relation wie in der Tabelle 7 wieder. Der Unterschied im Kapillardurchmesser zwischen den mit $Zn(NO_3)_2$ und $ZnCl_2$ einerseits und $Zn(CH_3COO)_2$ und $ZnSO_4$ andererseits hergestellten Gele läßt sich noch deutlicher darstellen, wenn die Kapillarenbildung über längere Gelwachstumszeiten als 2 min verfolgt wird.

Eine Deutung des Anioneneinflusses im Zusammenhang mit der tropfigen Segregation und Kapillarenbildung muß wieder von der an der Zone der aktiven Strukturbildung wirkenden Ionenaktivität vorgenommen werden. Es gilt als sicher, daß das Strukturbildungsvermögen und die Gelbildungsgeschwindigkeit der Zn-Ionen infolge veränderter polarisierender, dehydratisierender und anderer Effekte der Anionen auf die Gegenionen durch die Natur der Anionen spezifisch verändert wird. Bei der Untersuchung des Anioneneinflusses auf die Kapillarbildung beim Cu-Alginat kommt *Hallich* [5] zu dem Ergebnis, daß der Anioneneinfluß auf eine Herabsetzung der Gegenanionenaktivität zurückzuführen ist.

Bei ZnCX-Gelen aus 1 n $ZnSO_4$ zeigen sich etwa ähnliche Kapillargrößen wie aus n/10 bis n/5 $Zn(NO_3)_2$, obwohl an der primären Sol/Elektrolyt-Grenze unterschiedliche Ionenkonzentrationsverhältnisse herrschen. Die unterschiedlichen Diffusionskoeffizienten der 1 n Zn-Salzlösungen in Wasser (Tabelle 8) als Vergleichswerte zu den unbekannten in den ZnCX-Gelen könnten zwar einen Anhaltspunkt geben, jedoch ist eine nach 2 min bisher durchgeführte Analytik der mit den einzelnen Zn-Salzlösungen gebildeten Gele zu ungenau, um von dieser Seite eine weitere Klärung des Anioneneinflusses zu fällen.

Der spezifische Einfluß des Sulfatanions ist besonders auch darin zu erkennen, daß die mit $ZnSO_4$ gebildeten ZnCX-Gele im Gegensatz zu den mit $Zn(NO_3)_2$ oder $ZnCl_2$ hergestellten ZnCX-Gelen eine größere Transparenz aufweisen. Die Transparenz dieser ZnCX-Gele muß auf einen spezifischen strukturellen Aufbau und sicherlich, ähnlich wie bei den Proteinen, auf eine besondere Hydratation zurückgeführt werden, deren Stabilität wiederum eine langsamere tropfige Entmischung auslösen kann, die zu Kapillaren mit größeren Durchmessern führt. Porositätsmessungen könnten hier vielleicht einen Aufschluß ergeben.

3.5. Konzentration des NaCX-*Soles*

Wie bereits durch einen Vergleich der Werte aus der Tabelle 7 hervorgeht, nehmen die Kapillardurchmesser bei der Konzentrationszunahme des NaCX-Soles von 1 auf 2% ab. Für die Zn-Salze und $TlNO_3$ sind die

Tabelle 9. Kapillardurchmesser und NaCX-*Solkonzentration*

Elektrolyt	Kapillardurchmesser in µm NaCX-Konzentration (% Cellulose) 1	2	3
0,35 n $TlNO_3$	6,5 [8]	4…6	3,5…5
1 n $ZnCl_2$	15…17,5	6…8	6…8
1 n $Zn(NO_3)_2$	16…19	6…8	5…7
1 n $Zn(CH_3COO)_2$	25…35	7…9,5	7…8
1 n $ZnSO_4$	50…85 nicht dicht, unregelmäßig	8…9,5	8…9,5

Verhältnisse für 1,2 und 3% NaCX -Sole in der Tabelle 9 zusammengestellt.

Mit zunehmender Solkonzentration werden die Kapillardurchmesser kleiner und die Regelmäßigkeit der Kapillaren wird größer.

Interessant ist ein Vergleich zwischen einem ZnCX-Gel aus 2% NaCX und 1 n $Zn(NO_3)_2$ und einem TlCX-Gel aus 1% NaCX und 0,35 n $TlNO_3$, beide Gele weisen eine vergleichbare Kapillarstruktur hinsichtlich Kapillardurchmesser und Anzahl/Fläche auf (Tabelle 9).

Zwischen den 2- und 3%igen NaCX-Solen besteht für die verwendeten Elektrolyte kein wesentlicher Unterschied mehr zwischen den Kapillardurchmessern und der Anzahl pro Fläche. Konzentriertere wäßrige NaCX-Sole lassen sich auf Grund des verwendeten Cellulosematerials, DP = 520 und DS = 0,40, nur schwierig homogen herstellen. Mit einem an Cellulose ca. 5%igen NaCX-Sol werden mit 1 n $Zn(NO_3)_2$ und 0,35 n $TlNO_3$ noch Kapillaren ausgebildet. Ihre Durchmesser von 5 bis 6,5 µm liegen in der Größenordnung der Kapillaren, wie sie mit 3%igen Solen auftreten. Jedoch liegen die Kapillaren weit voneinander entfernt, so daß die Anzahl pro Fläche wieder erniedrigt wird (z. B. $1{,}5 \cdot 10^6$ Kap./cm^2 bei 3% NaCX + 1 n $Zn(NO_3)_2$ im Vergleich zu ca. $7{,}5 \cdot 10^5$ Kap./cm^2 bei 5% NaCX + 1 n $Zn(NO_3)_2$). Mit der Zunahme der Solkonzentration wird die mechanische Festigkeit der Kapillargele erheblich verbessert.

Der Einfluß der Solkonzentration auf die Kapillarstruktur kann durch folgende Verhältnisse einer tropfigen Entmischung erklärt werden. Eine bestimmte Elektrolytkonzentration bewirkt bei weniger konzentrierten Solen eine stärkere Dehydratation, die zu einer größeren Tröpfchenabscheidung und Kapillarenbildung bezüglich Durchmesser auch auf Grund der mechanisch günstigeren Masseverschiebbarkeit im Gel führt, denn bei der Umwandlung einer bestimmten Volumeneinheit Sol in Gel wird bei verdünnteren Solen weniger Gelsubstanz gebildet, aber mehr Wasser frei werden als bei konzentrierten Solen. Wenn nun die Menge des freiwerdenden Dehydratationswassers aus einem konzentrierteren Sol mit derselben Ionenkonzentration kleiner wird, müssen auch die Kapillardurchmesser kleiner werden bzw. gleich bleiben und die Kapillaren weiter voneinander entfernt liegen. Bei höheren Solkonzentrationen wird die Masseverschiebbarkeit im Vorzonengel ungünstiger, so daß die geringe Tröpfchenanzahl sogar zur Ausbildung wenig großer Kapillaren führen kann. Der Konzentrationseinfluß auf den Kapillardurchmesser bei Metall-Alginatgelen wurde von *Hallich* [5] in ähnlicher Weise gedeutet.

Bei NaCMC läßt sich der Konzentrationseinfluß des Soles auf die Kapillarstruktur nicht mit allen geeigneten Gegenionen so eindeutig nachweisen. Sicher spielt die Höhe des Substitutionsgrades eine erhebliche Rolle.

3.6. *Elektrolytzusatz zum* NaCX

Für die Gel- und Kapillarenbildung aus dem NaCX-Sol sind neben dem allgemeinen Elektrolyteffekt insbesondere solche Elektrolytzusätze zum Sol von Interesse, die einmal durch den technischen Prozeß in einem Viskosesol vorliegen wie Na_2CS_3, Na_2S oder Na_2CO_3 und zum anderen die im Koagulationsbad enthalten sind wie Na_2SO_4 und $(NH_4)_2SO_4$ oder während des Fadenbildungsprozesses wie Na_2SO_4 durch Neutralisation im Faden entstehen.

Die Tabelle 10 zeigt, in welcher Weise die Kapillarstruktur durch Zusätze zum Sol beeinflußt wird.

Der Elektrolytzusatz zum frisch dargestellten NaCX-Sol verursacht zwei Effekte. Einmal tritt im Unterschied der sonst zu diesem Zeitpunkt der Nachreife des NaCX-Soles ohne Elektrolytzusatz unregelmäßigen und z. T. nur in Gruppen auftretenden Kapillarenbildung eine relativ dichte und einheitliche Kapillarstruktur auf, und zum anderen werden die Kapillarendurchmesser von 16 bis 19 µm, die unter Standardbedingungen nach 10 h Nachreife des Soles mit 1 n $Zn(NO_3)_2$ erhalten werden, um $^1/_3$ bis $^1/_2$ ihres Betrages verringert (Tabelle 10). $(NH_4)_2SO_4$- und $Mg(NO_3)_2$-Zusatz zeigen einen ähnlichen Effekt. Die mit dem Elektrolytzusatz hergestellten Gele besitzen im Vergleich zu den Zn-Gelen ohne Zusatz eine geringere mechanische Festigkeit.

Bei Benutzung eines anderen PEL-Elektrolytsystems zur Gel- und Kapillarbildung, z. B. 1%iges Na-Alginat und 1 n $Cu(NO_3)_2$ üben die Elektrolytzusätze zum Sol einen ähnlichen Einfluß auf die Kapillarstruktur aus — ausgenommen n/100 Na_2SO_4 —, wie aus Tabelle 11 zu entnehmen ist.

Der Einfluß des zum Sol zugesetzten Elektrolyten wird folgendermaßen erklärt: Die zum Sol zugesetzten Salze und in einigen Fällen auch organische Verbindungen (Tabelle 10) haben das Bestreben sich zu verdünnen,

Tabelle 10. Kapillarstruktur in Abhängigkeit vom Elektrolytzusatz zum NaCX-*Sol mit* 1 n $Zn(NO_3)_2$

1% NaCX + Zusatz	Kapillardurchmesser µm	Anzahl der Kapillaren/cm²
ohne Zusatz und ohne Nachreife	15···25 u. 40···60 uneinheitlich, nicht dicht	nicht anzugeben
ohne Zusatz mit 10 h Nachreife	16···19	$3 \cdot 10^5$
n/100 Na_2S	8···11	$8{,}5 \cdot 10^5$
n/100 Na_2CS_3	8···10	schlecht anzugeben
n/100 Na_2CO_3	8···11	$8{,}5 \cdot 10^5$
n/100 Na_2SO_4	6,5···10	$1{,}3 \cdot 10^6$
0,1%Cyclohexylamin	6,5···10	—
0,1% Piperidin	6,5···8	—

Tabelle 11. Kapillarstruktur in Abhängigkeit vom Elektrolytzusatz zum Na-*Alginatsol mit* 1 n $Cu(NO_3)_2$

1% Alginat + Zusatz	Kapillardurchmesser µm	Anzahl Kapillaren/cm²
ohne Zusatz	13···16	$3{,}6 \cdot 10^5$
n/100 Na_2CS_3	6,5···8	$9 \cdot 10^5$
n/100 Na_2S	7···10	$7{,}5 \cdot 10^5$
n/100 Na_2SO_4	13···16	$3{,}5 \cdot 10^5$

wodurch die Lyophilie des Soles herabgesetzt wird. Durch diese Vordehydratation ist es dann mit dem gelbildenden Elektrolyten möglich, bei der Sol/Gel-Umwandlung nach kürzerer Zeit eine gleichmäßige tropfige Entmischung auszulösen, die wiederum auf Grund des verminderten Hydratationszustandes des Soles Kapillaren mit kleinerem Durchmesser hervorbringt. Zum anderen muß aber auch die spezifische Wechselwirkung zwischen den gelbildenden Gegenionen und den anderen Ionen (vgl. Na_2SO_4 bei NaCX und Na-Alginat) bei der Gelbildung im Hinblick auf Gegenionenaktivitätsveränderung und Hydratation sowie für den Ionenaustausch berücksichtigt werden.

Bei der Gelbildung aus Na-Alginat mit $Cu(NO_3)_2$ haben *Thiele* und *Hallich* [5] gezeigt, daß dem Sol zugesetzte steigende Mengen von nicht gelbildend wirkenden Elektrolyten eine starke anionenspezifische Zunahme des Kapillardurchmessers verursachen. Dabei erfolgt oberhalb einer bestimmten Elektrolytkonzentration im Sol, dessen Grenzwert von der Art des nicht gelbildend wirkenden Elektrolyten (Anion) abhängig ist, keine weitere Vergrößerung des Kapillardurchmessers, und von einem anderen Grenzwert der Elektrolytkonzentration im Sol an meistens Gelbildung ohne Kapillaren. Im Gegensatz dazu geht aus den vorliegenden Ergebnissen jedoch hervor, daß bei Zusatz von geringen Elektrolytkonzentrationen zum Sol auch eine Verkleinerung der Kapillardurchmesser auftreten kann. So wird unter der Wirkung von *n*/100 Na_2S und *n*/100 Na_2CS_3 sowohl im 1%igen NaCX-Sol als auch im 1%igen Na-Alginat bei der Gelbildung mit 1 n $Zn(NO_3)_2$- bzw. 1 n $Cu(NO_3)_2$-Lösung eine Abnahme des Kapillardurchmessers hervorgerufen, die in einer spezifischen Vordehydratation des Soles zu sehen ist. Wechselwirkungen zwischen den Elektrolyten sind nicht auszuschließen.

3.7. *H-Ionenkonzentration in binären Gemischen und Ionenantagonismus*

Durch die Diffusion von H-Ionen in PEL-Sole werden keine geordneten, doppelbrechenden Gele und Kapillarstrukturen gebildet. Beim NaCX-Sol liegen die Verhältnisse durch die gleichzeitige Abspaltung der ionischen Gruppen etwas anders. Bei der H-Ionendiffusion entsteht ein Hydratcellulosegel, das vereinzelt größere Dehydratationskanäle aufweist und einer starken Schrumpfung unterliegt. Um den Einfluß der H-Ionen auf das Kapillarbild zu untersuchen, wurden deshalb binäre Gemische von konstanter kapillarbildender Elektrolytkonzentration und steigender H-Ionenkonzentration zur Gelbildung verwendet. Als Ausgangs- und Vergleichspunkt für die Untersuchung des H-Ionen-

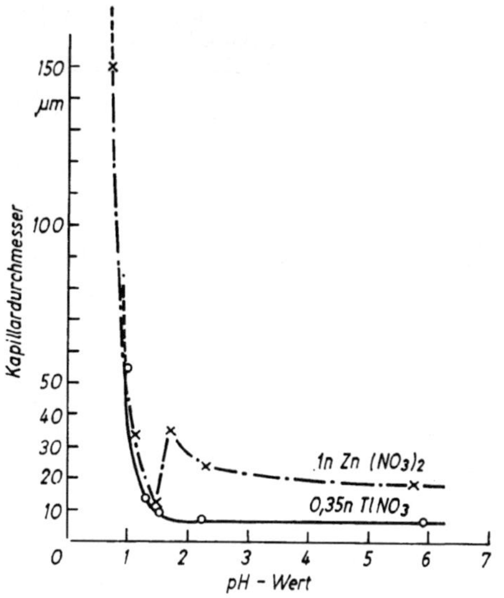

Bild 9. Einfluß der H-Ionenkonzentration in binären Gemischen auf den Kapillardurchmesser bei konstanter Metall-Ionenkonzentration

einflusses diente wieder die dichte, regelmäßige Kapillarstruktur beim gereiften 1%igen NaCX-Sol mit 1n $Zn(NO_3)_2$ vom pH = 5,7.

Im Bild 9 ist der Einfluß steigender H-Ionenkonzentration bei konstanter $Zn(NO_3)_2$- und $TlNO_3$-Konzentration auf die Kapillarstruktur wiedergegeben. Mit steigender H-Ionenkonzentration der kapillarbildenden Elektrolytlösungen nimmt der Kapillardurchmesser zunächst gering, jedoch mit pH > 1,7 bei $Zn(NO_3)_2$ und mit pH > 1,3 bei $TlNO_3$ rapide zu. Der Kapillardurchmesser bei pH-Wert 1,3 mit einer Zusammensetzung von 1n $Zn(NO_3)_2$ + n/20 HNO_3 bildet vorerst eine nicht erklärbare Ausnahme. Insgesamt ist die Kapillarstruktur mit zunehmender H-Ionenkonzentration unregelmäßiger, die Kapillaren liegen nicht mehr dicht aneinander und die Kapillardurchmesser differieren stark. Die mechanischen und elastischen Eigenschaften der Gele nehmen in dieser Richtung ab. Bei einer Zusammensetzung des Elektrolytgemisches 1n $Zn(NO_3)_2$ + 1n HNO_3 besitzt das Gel, das sehr unregelmäßig und große Dehydrationskanäle aufweist, eine „Kapillarstruktur", die der bei Verwendung von 1n HNO_3 (Kapillardurchmesser: einige 100 μm) allein sehr ähnlich ist.

Es kann also festgestellt werden, daß mit Zunahme der H-Ionenkonzentration der ionenspezifische Einfluß auf den Kapillardurchmesser allmählich aufgehoben wird. Diese Ergebnisse stimmen mit Literaturergebnissen überein. *Thiele* und *Hallich* [5] fanden beim Alginat, daß sowohl mit zunehmender H-Ionenkonzentration der Metallsalzlösungen als auch beim Ionenantagonismus stets dasjenige Ion strukturbildend ist, welches bei alleiniger Verwendung Kapillaren größeren Durchmessers bildet. Diese Tatsache trifft ebenfalls für den Anisotropieeffekt der Gele zu.

Beim NaCX entstehen nun unter bestimmten Bedingungen im Gegensatz zum Na-Alginat mit H-Ionen wenige größere Dehydrationskanäle, und diese treten in den Gelen mit kapillarbildenden $Zn(NO_3)_2$- sowie $TlNO_3$/H-Ionengemischen um so eher auf, je mehr die H-Ionenkonzentration ansteigt und zum strukturbestimmenden Reaktionsschritt wird.

Bei Verwendung eines Ionengemisches aus 0,5n $Zn(NO_3)_2$ + 0,16n $TlNO_3$ zur Gelbildung wird die Regel des Ionenantagonismus bestätigt, denn das Gel zeigt das für Zn-Ionen charakteristische Kapillarbild. Gleichzeitig wird damit wieder der Zusammenhang nachgewiesen, daß das Gegenion, das die schwächere Richtwirkung (Anisotropieeffekt des Zn-Ions < Tl-Ion) auf das NaCX ausübt, für die Kapillarbildung strukturbestimmend ist, indem es Kapillaren mit größeren Durchmessern bildet (vgl. Tabellen 5 und 6). Erstaunlich ist bei den mit stark H-Ionen-haltigen Elektrolyten gebildeten Kapillaren die Zunahme des Durchmessers vom Start bis zu einer Gelbildungszeit z. B. von 2 min. Innerhalb von ca. 800 μm Geldicke nach 2 min wachsen die Dehydratationskanäle von etwa 3 μm auf 100 μm und mehr im Durchmesser an.

Ausgehend von der Tatsache, daß die Diffusion der gelbildenden Ionen im Gel für die Gelbildung und für die Kapillarstruktur den entscheidenden geschwindigkeitsbestimmenden Schritt darstellt, müssen das sich einstellende Konzentrationsgefälle in spezifischer Wechselwirkung mit den fixierten Ladungen und Festionen, das elektrische Potential, die Konzentration des Reaktionselektrolyten und das Dehydrationsgeschehen beachtet werden. Bei der Ausbildung großer Dehydratationskanäle ist die Gelbildungsgeschwindigkeit so groß und der Konzentrationsgradient in der verdünnten Elektrolytlösung, die bei der Gelbildung als „Tropfenprofil" vor der Kapillare hergeschoben wird und aus dem die gelbildenden Ionen durch zentrifugale Diffussion die Kapillarwände bilden, noch so hoch, daß eine Mischung mit dem überschüssigen Sol noch nicht erfolgt, wodurch eine Kapillarbildung ausbleiben würde (vgl. Abschnitt 3.3). Unter dem Einfluß steigender H-Ionenkonzentration in der Elektrolytlösung dürfte es im steigenden Maße zu höheren Anteilen an Nebenvalenzgelen (Hydratcellulose über Cellulosexanthogensäure [8]) im Gegensatz zu den verschieden gebundenen Metallionen an die Xanthogenatgruppe des Cellulosexanthogenats kommen. Damit liegen im besonderen für die Kapillargele beim Cellulosexanthogenat, die unter dem Einfluß von H-Ionen enthaltenden Elektrolyten gebildet werden, andere Verhältnisse vor, da ein anderer Geltyp gebildet wird. Infolge der hohen Gelbildungsgeschwindigkeit (H-Ioneneinfluß) kann der durch Ionenaustausch entstandene Reaktionselektrolyt ($NaNO_3$ in höherer Konzentration) einen erhöhten Einfluß auf die Ausweitung der Kapillardurchmesser mit zunehmender Geldicke ausüben.

Bei einem Vergleich dieser Kapillarstrukturen in PEL-Gelen mit denen in nichtionischen Polymergelen ist besonders ihre relativ große Regelmäßigkeit hinsichtlich Kapillardurchmesser und Verteilung auffallend. Die Ursache dürfte in der unterschiedlichen Gelbildung (Solvatation und ionischer Charakter, „Ionenreaktion" im Vergleich zur Fällung durch Nichtlöser bei nichtionischen Polymeren) sowie dem Anisotropieeffekt zu suchen sein. Die kapillaren Hohlräume in den nichtionischen Polymergelen [10] ähneln hinsichtlich ihrer Ausbildungsweise und ihrer geometrischen Dimensionen den Dehydratationskanälen in den

Hydratcellulosegelen aus NaCX und Säuren. Diese kapillaren Hohlräume sind identisch mit den Radialkapillaren, die durch zentripetale Diffusion von Fällungsmitteln in verschiedenen Chemiefasern ausgebildet werden und besonders deutlich in Faserquerschnitten dargestellt werden können [11]. Durch den hier zunächst phänomenologisch diskutierten Mechanismus finden die beim Spinnen von Polymerlösungen in bestimmte Koagulationsbäder im Faden auftretenden Radialkapillaren erstmals eine Erklärung.

4. *Zusammenfassende Diskussion*

Bei der Diffusion bestimmter Gegenionen in cellulosische Polyelektrolyte werden unter geeigneten Versuchsanordnungen Kapillarstrukturen ausgebildet. Die Kapillarstruktur wird von einer Reihe von Parametern wie Ionenart, Lösungszustand des Soles, Elektrolyt- und Solkonzentration, Elektrolytanion, Zusätze zum Sol, pH-Wert binärer Elektrolytgemische bzw. Ionenantagonismus beeinflußt.

Beim Polyelektrolyten Na-Cellulosexanthogenat entstehen mit den Tl- und Zn-Ionen besonders runde und einheitliche Kapillaren in den Gelen, während beim Polyelektrolyten Na-Carboxycellulose Pb-, La-, Ce-, Cr- und Cu-Ionen relativ gleichmäßige Kapillarstrukturen ergeben. Auch mit einigen anderen Gegenionen werden Kapillarstrukturen erzeugt, jedoch sind sie im Durchmesser, im Verlauf und in ihrer Verteilung unregelmäßig. Mit Säuren wie HNO_3 und H_2SO_4 treten im Gegensatz zum Na-Alginat oder Na-CMC unter bestimmten Bedingungen vereinzelt große Dehydratationskanäle auf.

Durch die Einführung von -CSSNa- bzw. -COOH-Gruppen in den Pyranring der Polysaccharide sind infolge der spezifischen Affinitätsverhältnisse und anderer diskutierter Faktoren jeweils verschiedene Gegenionen für die geordnete Gelbildung erforderlich, die wiederum eine unterschiedliche Kapillarstruktur besitzen.

Mit den kapillarbildenden Elektrolyten $TlNO_3$ und $Zn(NO_3)_2$ wurde der Einfluß der einzelnen Versuchsparameter mit einer geeigneten Methode näher untersucht. Die Kapillarbildung bei der Diffusion von 1n $Zn(NO_3)_2$ in ein 1%iges NaCX-Sol ist abhängig vom Lösungszustand des Soles, der durch die Nachreifezeit des NaCX-Soles und den Reifegrad der Viskose, aus der die Darstellung des Soles erfolgt, charakterisiert wird. Mit ansteigender Nachreifezeit bilden sich mehr Kapillaren pro Fläche, ihre Verteilung ist regelmäßiger und die Kapillardurchmesser sind kleiner.

Mit abnehmender Elektrolytkonzentration nimmt der Kapillardurchmesser sowohl für $Zn(NO_3)_2$ als auch för $TlNO_3$ kationenspezifisch zu. Mit 0,01n Elektrolytlösungen konnten bei 1%igen Solen unter den gewählten Versuchsbedingungen in den dünnen Gelfilmen keine Kapillaren mehr beobachtet werden (vgl. Abbruchbedingungen für Kapillaren).

Der aus der Literatur [5] bekannte antibathe Zusammenhang zwischen dem Anisotropie-Effekt (summarische Doppelbrechung als Gangunterschied) und den Kapillardurchmessern bei Tl- und ZnCX-Gelen wird bestätigt. Der Kapillardurchmesser ist vom Anion des gelbildenden Elektrolyten abhängig; er nimmt für 1n Zn-Salze in der Reihenfolge: $ZnCl_2$, $Zn(NO_3)_2 <$ $< Zn(CH_3COO)_2 < ZnSO_4$ zu. Die Anzahl Kapillaren pro Fläche nimmt entsprechend ab.

Bei Zunahme der Solkonzentration bis auf etwa 2% wird der Kapillardurchmesser kleiner und die Anzahl pro Fläche erhöht sich. Bei Erhöhung der Solkonzentration von 2 auf 3% verändern sich Kapillardurchmesser und Anzahl pro Fläche unwesentlich. Bei noch höheren Solkonzentrationen bleibt der Kapillardurchmesser etwa konstant, jedoch wird unter Abstandsvergrößerung die Anzahl pro Fläche geringer.

Dem 1%igen Sol zugesetzte Elektrolyte wie z. B. n/100 Na_2S, Na_2CS_3, Na_2CO_3, Na_2SO_4 oder $(NH_4)_2SO_4$ und auch bestimmte organische Verbindung wie z. B. 0,1% Cyclohexylamin, Piperidin u. a. verringern die Kapillardurchmesser bei der Gelbildung mit 1n $Zn(NO_3)_2$

Die Wirkung der Zusätze für die Kapillarstruktur wird so gedeutet, daß sie das NaCX-Sol spezifisch vordehydratisieren und somit bei der Gelbildung eine schnellere tropfige Entmischng herbeiführen, die zur Ausbildung kleinerer Dehydrationswege führt, weil das Dehydrationswasser schneller abfließen muß. Mit steigender H-Ionenkonzentration der 1n $Zn(NO_3)_2$- und 0,35n $TlNO_3$-Lösungen wird der Kapillardurchmesser in den Gelen größer. Die Kapillarstruktur wird dabei unregelmäßig und nimmt bei niedrigen pH-Werten die Gestalt der großen Dehydratationskanäle an, die mit Säure allein gebildet werden. Die Regel des Ionenantagonismus wird bestätigt. Bei einem Elektrolytgemisch $Zn(NO_3)_2/TlNO_3$ wird beim NaCX die Kapillarstruktur mit den größeren Kapillardurchmessern des $Zn(NO_3)_2$ ausgebildet.

Insgesamt hat sich bei der Kapillarbildung aus NaCX-Sol mit 1n $Zn(NO_3)_2$-Lösungen gezeigt, daß verschiedene Einflüsse, wie zunehmende Nachreife des Soles, bestimmte Elektrolytzusätze und Zusätze von organischen Verbindungen zum Sol oder aber auch ein binäres Gemisch aus 1n $Zn(NO_3)_2$ und n/20 HNO_3 zur Gelbildung eine dichte Kapillarstruktur mit kleinen Kapillardurchmessern herbeiführen.

Die Kapillarstruktur bleibt nach Abspalten der ionischen Gruppen (—CSSH, —COOH) aus den Polyelektrolytgelen erhalten [2], so daß durch Variation der Gelbildungsparameter die Möglichkeit eines synthetischen Aufbaues von geordneten Kapillarstrukturen z. B. in Polymeren auf Cellulosebasis gegeben ist, die als Membranen [12] insbesondere nach Entfernen der dichten Startzone geeignet sind.

Bei der Gelbildung aus nichtionischen Polymerlösungen durch Diffusion bestimmter Koagulationsmittel können ebenfalls kapillare Desolvatationskanäle entstehen; sie erreichen jedoch hinsichtlich ihrer Dimensionen nicht die Regelmäßigkeit, wie sie von den geordneten Polyelektrolytgelen her bekannt ist.

Aus den Ergebnissen kann allgemein geschlußfolgert werden, daß die Entstehung von verschiedenen Kapillarstrukturen unter dem Einfluß der einzelnen Parameter ein Ausdruck für die Verschiedenartigkeit der Dehydratation, Entladung und Immobilisierung bei der Sol/Gel-Umwandlung, d. h. der Ausbildung von Gel- und Desolvatationsphase ist. Die dabei auftretende tropfige Entmischung ist im Zusammenhang mit dem Anisotropie-Effekt unter den speziellen Bedingungen einer geordneten Gelbildung bei Polyelektrolyten die Voraussetzung für die Ausbildung runder und regelmäßiger Kapillarstrukturen.

Für die sorgfältige Assistenz bei den experimentellen Untersuchungen sei Frl. Chem.-Ing. *G. Karge* und Frau *H. Stoph* vielmals gedankt.

Literatur

[1] *Thiele, H.*: Histolyse und Histogenese — Gewebe und ionotrope Gele — Prinzip einer Strukturbildung. Frankfurt/Main: Akad. Verlagsges. 1967.

[2] *Gröbe, A., Purz, H. J., Maron, R.*, und *Klare, H.*: Untersuchungen über die geordnete Koagulation von Na-Cellulosexanthogenatlösungen. Faserforsch. u. Textiltechnik **14** (1963) 9, S. 347—351.
Gröbe, A., Purz, H. J., u. *Maron, R.*: Ordnungsvorgänge bei der Gelbildung aus Cellulosexanthogenatsolen. J. Polymer Sci., C: Polymer Symposia **16** (1967) S. 3047—3057.
Purz, H. J.: Geordnete Gel- und Strukturbildung von Na-Cellulosexanthogenat durch Ionendiffusion. Dissertation, Universität Leipzig 1966.
Purz, H. J.: Morphological investigations of ordered gel formation in polyelektrolytes. J. Polymer Sci., C: Polymer Symposia **38** (1972) S. 405—417.

[3] *Sterling, C.*: Structure of oriented gels of calcium polyuronates. Biochimica, Biophysica Acta **26** (1957) S. 186—197.
Higdon, W. T.: Studies of ionotropy — a special case of gelation. J. physic. Chem. **62** (1958) S. 1277—1281.
Bettelheim, F. A.: Low-angle light scattering of ionotropic gels. J. Polymer Sci., A-2: Polymer Physics **5** (1967) S. 1043—1053.
Reimschlüssel, A.: in *Kesting, E. R.*: Synthetic Polymeric Membranes. New York: McGraw-Hill 1971.

[4] *Thiele, H., Joraschky, W., Plohnke, K., Wiechen, A., Wolf, R.*, und *Wollmer, A.*: Prinzip einer Strukturbildung — Ionen ordnen Fadenmoleküle. Kolloid-Z./Z. Polymere **197** (1964) 1/2, S. 26—35.

[5] *Hallich, K.*: Über ionotrope Gele mit Kapillarstrukturen und ihre Verwendung als Filter. Dissertation, Kiel 1968.
Thiele, H., und *Hallich, K.*: Kapillarstrukturen in ionotropen Gelen. Kolloid.-Z. **151** (1957) 1, S. 1—12.
Schik, J. P.: Ionotrope Porenmembranen mit Polyacrylat. Dissertation, Kiel 1962.

[6] *Purz, H. J.*, und *Gröbe, A.*: Mikroskopische Untersuchungen zur Struktur von Cellulosexanthogenatgelen. Teil I. Geordnete Gelbildung durch zentrifugale Diffusion von Elektrolyten. Faserforsch. u. Textiltechnik **19** (1968) 10, S. 460—467.

[7] *Purz, H. J.*, und *Gröbe, A.*: Mikroskopische Untersuchungen zur Struktur von Cellulosexanthogenatgelen. Teil II. Gelstrukturen durch zentripetale Diffusion von Elektrolyten. Faserforsch. u. Textiltechnik **20** (1969) 5, S. 219—224.

[8] *Jost, H.*, und *Ludwig, J.*: Die Cellulosexanthogensäure — ein Zwischenprodukt des Viskosespinnprozesses. Teil I. Teil II. Faserforsch. u. Textiltechnik **17** (1966) 5, S. 194—201; **18** (1967) 6, S. 274—278.

[9] *Schweiger, R. G.*: Complexing of alginic acid with metal ions. Kolloid-Z./Z. Polymere **196** (1964) 1, S. 47 bis 53.
Thiele, H., und *Cordes, J.*: Zur Theorie der Bildung von Gelen. I. Ligandenfeld der Gegenionen. Kolloid-Z./Z. Polymere **216/217** (1967) S. 361—370.
Thiele, H., und *Affeldt, H.*: Über Gele als Salze von Polyelektrolyten. Kolloid-Z. **156** (1958) 1, S. 14—21.
Teunissen, P. H., und *Bungenberg de Jong, G.*: Negative, nicht amphotere Biokolloide als hochmolekulare Elektrolyte. Kolloid-Bh. **48** (1938) 1—3, S. 33—92.
Läuger, P.: Transportphänomene an Membranen. Angew. Chemie **81** (1969) 2, S. 56—68.
Läuger, P., und *Kuhn, W.*: Stoff- und Volumentransport durch Membranen mit elektrisch geladenem Gerüst. Berichte Bunsenges. physik. Chemie **68** (1964) 1, S. 4—19; 4, S. 352—361.
Zundel, G.: Hydratstruktur und zwischenmolekulare Wechselwirkung in Polyelektrolyten. Angew. Chemie **81** (1969) 14, S. 507—518.
Pohl, W. G., und *Kuhn, H. J.*: Über die Reaktion des Ag-Ions mit polyacrylsäurehaltigen Gelen. Kolloid-Z./Z. Polymere **212** (1966) 1, S. 1—12.
Mandel, M.: Charge interaction and association in polyelectrolyte solutions. I. Some general remarks. Internat. Symposium on Macromol. Chem. Prag 1965, Preprint P 365.
Sterling, C., und *Masuzawa, M.*: Gel/water relationships in hydrophilic polymers: Nuclear magnetic resonance. Makromol. Chemie **116** (1968) 2770, S. 140—145.

[10] *Purz, H. J.*: in Vorbereitung.

[11] *Mann, G., Gröbe, V., Purz, H. J.*, und *Gröbe, A.*: Über die Bildungsweise der beim Verspinnen von Polyacrylnitril-Lösungen unter bestimmten Bedingungen entstehenden Radialkapillaren. Faserforsch. u. Textiltechnik **15** (1964) 4, S. 179.
Purz, H. J.: Geordnete Gel- und Strukturbildung von Na-Cellulosexanthogenat durch Ionendiffusion. Dissertation, Universität Leipzig 1966. S. 107—110.
Gröbe, V., Mann, G., und *Duwe, G.*: Ausbildung von Strukturen bei der Koagulation von Polyacrylnitril-Lösungen. Faserforsch. u. Textiltechnik **17** (1966) 4, S. 142—147.
Mann, G., und *Gröbe, V.*: Über die Strukturbildung beim Naßspinnen von Polyacrylnitril-Lösungen. Faserforsch. u. Textiltechnik **17** (1966) 7, S. 315—322.
Gensrich, H. J., und *Gröbe, A.*: Elektronenmikroskopische Untersuchungen an Ultradünnschnitten von Celluloseregeneratfäden. Teil IV. Die Struktur von Gelfäden, ersponnen in Lösungen aus Schwefelsäure und Natriumsulfat. Faserforsch. u. Textiltechnik **21** (1970) 4, S. 163—172.

[12] *Gröbe, A.*, und *Purz, H. J.*: Verfahren zur Herstellung von Membranen mit Kapillarstruktur aus Regeneratcellulose DWP 40626 vom 24. 10. 1964.

Eingegangen am 26. April 1973

Der Einfluß der Polymerisationsbedingungen des ε-Caprolactams auf die Verteilung der rel. Molekülmasse des Polycaprolactams

Teil I

Horst Mertel und Gerhard Heilmann

VEB Chemiefaserwerk Schwarza „Wilhelm Pieck" Rudolstadt, Direktorat Forschung

DK 678.675'126:66.095.26:678.021.131:541.24:519.25

Im vorliegenden ersten Teil dieser Arbeit wird ein kurzer Überblick über wichtige Veröffentlichungen zur Molmassenverteilung und zu Fraktioniermethoden von PA 6 sowie zu der dabei angewandten Fraktionierung „von oben" gegeben. Es folgen Bemerkungen zur Auswertung der Experimentaldaten und eine Fehlerbetrachtung zur experimentellen Bestimmung der MMV durch Fraktionierung „von oben".

Влияние условий полимеризации ε-капролактама на молекулярновесовое распределение поликапролактама. Часть I

В первой части работы приводится краткий обзор литературных данных по МВР и методам фракционирования ПА-6 и описывается разработанный нами новый метод. Обсуждаются обработка полученных данных и экспериментальные ошибки при определении МВР по новому методу.

The Effect of the Conditions of Polymerisation of ε-Caprolactame on the Molecular Weight Distribution of Polyamide 6. Part I

A review on the most important work published on the molecular weight distribution and the fractionation methods of polyamide 6 is followed by an outline of the procedure called "fractionation from above" which is applied in our laboratory. The evaluation of experimental values and the assessment of errors involved in the determination of the molecular weight distribution by this procedure is described.

1.1. Einleitung

Die Verteilung der rel. Molmassen (MMV) eines Polymeren ist eine wichtige chemisch-analytische Kenngröße, weil sie Aufschluß über die Polymolekularität gibt und Rückschlüsse auf den Bildungsmechanismus eines makromolekularen Stoffes zuläßt.

Die Polymolekularität wurde zuerst für Polykondensate auf verschiedenen Wegen von *Flory* [1] und *Schulz* [2] mathematisch abgeleitet und formuliert.

Es gibt sehr viele Veröffentlichungen, in denen für die verschiedensten Polymerisate und Polykondensate mittels verschiedener Bestimmungsmethoden die Gültigkeit der *Flory/Schulz*-(Normal)-Verteilung (NV) nachgewiesen wurde. Dieser Nachweis wurde von verschiedenen Autoren auch für die MMV von Polyamiden (PA 6.6, PA 6) erbracht (z. B. [3 bis 12]), aber es sind auch Veröffentlichungen mit gegenteiligen Ergebnissen erschienen (z. B. [13 bis 15]).

Der größte Teil aller bisherigen Untersuchungen zur Uneinheitlichkeit bzw. Polymolekularität von PA 6 diente vor allem der Lösung folgender Probleme:

Aufklärung der Reaktionskinetik und des -mechanismus der Caprolactam-Polymerisation,
Ermittlung der Verteilungsfunktion der MMV von PA 6,
Verbesserung der Selektivität der Fraktioniermethoden.

Daneben gibt es einige Veröffentlichungen über die MMV von PA 6, die den Einfluß verschiedener Faktoren oder Parameter auf die MMV von PA 6 zum Inhalt haben. *Kudrjavcev* u. a. [15] untersuchten den Einfluß der Endgruppen (unstabilisiert, mit unterschiedlichen Mengen Essigsäure oder Cyclohexylaminacetat stabilisiert) auf die MMV von „Gleichgewichts"-PA-6 und fanden, daß endgruppenstabilisiertes PA 6 hinsichtlich seiner MMV ungewöhnlich einheitlich und im DP-Bereich 65 bis 150 unabhängig von der Natur der Endgruppen ist.

Mattiussi und *Gechele* [10] bestimmten die MMV von unter verschiedenen Bedingungen hergestellten Polycaprolactamen. Sie fanden an PA 6 sowohl Normalverteilungen (ohne Kettenstabilisator, 180 °C) als auch engere Verteilungen (unstabilisiert, 250 bis 285 °C; stabilisiert mit unterschiedlichen Mengen an Essigsäure, 250 °C).

Sippel und *Albien* [12] haben Fraktionierungen von etwa 100 PA-6.6-Proben unterschiedlicher Kettenlänge ausgewertet und gefunden, daß bis auf wenige Ausnahmen (absichtlich thermisch geschädigte Polymerisate) stets eine so gute Übereinstimmung zwischen theoretischer (*Flory*-Verteilung) und experimentell ermittelter MMV vorliegt, daß in fast allen praktischen Fällen eine Fraktionierung überflüssig wird; die Verteilung kann demzufolge unmittelbar aus dem DP berechnet werden.

Biernacki u. a. [16] haben die MMV von PA 6 bestimmt, das durch anionische Polymerisation von ε-Caprolactam in Lösung hergestellt wurde. Sie fanden, daß diese Polymere sehr einheitlich sind, d. h., engere Verteilungskurven aufweisen, als der Normalverteilung entspricht. Demzufolge weicht für dieses Polymere die differentiale Verteilungskurve von der charakteristischen Form für Polycaprolactame (*Flory/Schulz*-Verteilung) ab. Ähnliche Ergebnisse hatte schon früher *Pavlov* [17] veröffentlicht.

Uns sind bisher keine Arbeiten bekannt geworden, in denen die Zusammenhänge zwischen der MMV von PA 6 und allen Herstellungsbedingungen umfassend untersucht worden sind. Deshalb untersuchten wir die Abhängigkeit der MMV von PA 6 vom Initiator-(H_2O-) und Kettenstabilisatorgehalt (Essigsäure) des Monomeransatzes sowie von der Polymerisationszeit und -temperatur.

1.2. Allgemeine Bemerkungen zu den Fraktioniermethoden für Polycaprolactam

An allen Methoden zur Bestimmung der MMV von Hochpolymeren wurde und wird auch weiterhin in vielen Labors der Welt gearbeitet. Ziel dieser Forschungsarbeiten ist insbesondere die Erhöhung der Selektivität und Rationalität der Bestimmungsmethoden.

Eine umfassende Übersicht über Fraktionierverfahren und -systeme für Polyamide enthält die Veröffentlichung von *Theil* u. a. [18].

Schon *Wiloth* [4] hat darauf hingewiesen, daß Abweichungen zwischen theoretischem und praktischem Ergebnis der Polydispersität des PA 6 auf die extreme Tendenz des Polycaprolactams zur Assoziation in (phenolischen) Lösungen zurückzuführen ist. Diese Linearassoziate, die besonders von nichtkettenstabilisierten Polycaprolactamen gebildet werden, verschlechtern die Selektivität eines Fraktionierverfahrens erheblich, da in diesen Fällen nicht mehr streng nach der rel. Molmasse, sondern nach der Größe der Assoziate aufgetrennt wird [19].

Eine zweite, methodisch bedingte Ursache für die Differenzen zwischen theoretischer und experimentell ermittelter MMV besteht darin, daß die einzelnen Fraktionen (mehr oder weniger) uneinheitlich sind, sich also sowohl nach niederen als auch nach höheren Polymerisationsgraden hin überlappen und daß bei der Fällungsfraktionierung „von oben" leicht kurzkettige Moleküle durch Moleküle hohen Polymerisationsgrades adsorbiert werden [20].

Auch *Kotliar* hat sehr ausführlich darüber berichtet, daß — durch unvermeidbare Fraktionier- und Auswertefehler sowie durch die Herstellungsbedingungen verursacht — eine Übereinstimmung zwischen der experimentellen und der aus dem DP errechneten Verteilungskurve ziemlich unwahrscheinlich ist [21].

Zu ähnlichen Aussagen gelangte auch *Felber*, der die MMV von Polycarbonat untersuchte [22].

Koningsveld vertritt sogar die Auffassung, daß eine zuverlässige Bestimmung der differentiellen MMV durch die klassischen Fraktionierverfahren nicht möglich sei, weil bei der Auswertung der Fraktionierdaten Schwierigkeiten auftreten würden, die nur dann beseitigt werden könnten, wenn der MMV-Typ von vornherein bekannt wäre [23].

Wir schließen uns den Auffassungen der genannten Autoren auf Grund unserer experimentellen Ergebnisse an, die in fast jedem Falle den gleichen prinzipiellen Verlauf der integralen Experimentalkurve gegenüber der NV-Kurve erbrachten: von einem relativ einheitlichen Ausgangspunkt aus verlaufen die Experimentalkurven „unterhalb" der NV-Kurven, „schneiden" sie danach im „oberen" P-Bereich und verlaufen schließlich „oberhalb" derselben, d. h., im „unteren" P-Bereich werden geringere, im „mittleren" etwa gleiche und im „oberen" höhere Masse-Anteile experimentell gefunden, als der Theorie entspricht.

Auf Grund der bekannten Fraktionier- und Auswertemängel wurden in den letzten Jahren Forschungsarbeiten durchgeführt, die methodische Verbesserungen der Fraktionierung bzw. neue Auswertemöglichkeiten zum Ziel hatten [12, 14, 24 bis 28]. Von mehreren Autoren wurde festgestellt, daß nur die Fraktionierung aus verdünnter Lösung sinnvoll ist, daß mit abnehmender Ausgangskonzentration zunehmend einheitlichere Fraktionen erhalten werden, daß eine Verminderung der Ausgangskonzentration wesentlich wirkungsvoller die Selektivität beeinflußt als die Erhöhung der Anzahl der Fraktionen. Bei Ausgangskonzentrationen von $0{,}125 \leqq C_A \leqq 0{,}25$ Masse% sind für die Beurteilung der experimentellen Verteilungskurve gegenüber der errechneten bei PA 6 ca. zehn Fraktionen völlig ausreichend [19]. Für reglerfreie Polycaprolactam-Proben wandten *Rafler* und *Reinisch* [19] eine Fraktionierung aus 0,0625%igen Lösungen an, bzw. sie empfahlen vor der Fraktionierung eine Nachacylierung der Amino-Endgruppe mittels N-Acetylcaprolactams [29].

1.3. *Angewandte Fraktioniermethode*

Aus der Vielzahl der Fraktioniermethoden

Fraktionierung nach Löslichkeit,
Chromatografische Fraktionierung,
Fraktionierung nach Sedimentation,
Fraktionierung mittels Thermodiffusion,
Gelfiltration

wählten wir trotz des erheblichen Arbeits- und Zeitaufwandes die bewährte und relativ genaue, auf dem Prinzip unterschiedlicher Löslichkeit beruhende Methode der Verteilung des Polymeren zwischen zwei flüssigen Phasen nach *Gordijenko* [30]. Als Lösungsmittel/Fällungsmittel-System wurde m-Kresol/n-Heptan verwendet. Diese Lösungsmittel sind in jedem Verhältnis miteinander mischbar; in Gegenwart von PA 6 tritt von einer bestimmten Konzentration an eine Trennung in eine lösungsmittelreiche Sol- und lösungsmittelarme Gelphase ein. Gel- und Solphasenbildung unterliegen einem temperatur- und zeitabhängigen Gleichgewicht.

Wir haben die Fraktionierung „von oben" angewendet, d. h., aus der Lösung (0,25%ig) durch Zugabe von relativ wenig Nichtlöser (n-Heptan) eine volumenmäßig kleine Gelphase abgetrennt, die jeweils die Fraktion mit dem höchsten Polymerisationsgrad enthält. Mittels Methanols wurde die Fraktion aus der Gelphase ausgefällt, gewaschen, getrocknet und ausgewogen (= mp, Masse-Anteil der Fraktion).

Vom unfraktionierten Polymeren und von den Fraktionen wurde die rel. Lösungsviskosität (LV, η_{rel}) bestimmt (0,5 g PA 6/100 ml 95,6 bis 96%iger Schwefelsäure, 20 °C, *Ubbelohde*-Viskosimeter, Kapillare II).

1.4. *Auswertung der Experimentaldaten*

Da das Anliegen unserer experimentellen Arbeiten nicht darin bestand, den Exponenten α in der *Kuhn/Mark/Houwink*-Gleichung oder das Masse-Zahlenmittel-Verhältnis der rel. Molekülmasse oder die rel. Beziehung Molekülmasse/Viskosität für PA 6 neu zu bestimmen, sondern darin, den Einfluß der Polymerisationsparameter Wasser- und Stabilisatorgehalt (Essigsäure) sowie Polymerisationstemperatur und -dauer auf die MMV von PA 6 zu ermitteln, gingen wir von der Voraussetzung aus, daß PA 6 im Prinzip eine *Flory/Schulz*-Verteilung aufweist. Für alle untersuchten PA-6-Granulate berechneten wir deshalb aus dem viskosimetrisch ermittelten Durchschnittspolymerisationsgrad (DP) des unfraktionierten Polymeren nach der Beziehung [4]

$$I\,(P) = 1 - [1 + (1 - y).\,P] \cdot y^P, \qquad (1)$$

$$y = 1 - \frac{1}{DP} \qquad (2)$$

die integrale NV-Kurve, aus der wir durch numerische Differentiation nach *Teichgräber* [31] die differentielle NV-Kurve konstruierten. Wie andere Autoren (z. B. [19]), so beurteilten auch wir die Übereinstimmung oder Abweichung der Experimental- von den *Flory/Schulz*-Kurven anhand der Kurvenlage der Integral- bzw. Differentialkurven zueinander, wobei wir berücksichtigten, daß es auf Grund der Fraktionier- und Auswertemethoden keine ideale Übereinstimmung geben kann.

Die DP der unfraktionierten PA-6-Granulate und der PA-6-Fraktionen berechneten wir nach der Beziehung von *Matthes* [32]:

$$DP = \left[1{,}812 \cdot ([\eta] - 0{,}04) \cdot \left(1 + \sqrt{1 + \frac{31{,}19}{[\eta] - 0{,}04}}\right)\right]^2 \qquad (3)$$

$$[\eta] = \frac{2}{c}\left(\sqrt{\eta_{rel}} - 1\right) \qquad (4)$$

Mit Hilfe der Beziehung

$$\bar{P}_w = 1{,}9 \cdot \bar{P}n, \qquad (5)$$

DP = Durchschnittspolymerisationsgrad,
c = PA-Konzentration in g/100 ml,
$\bar{P}_w$ = Massemittelwert des Polymerisationsgrades,
$\bar{P}_n$ = Zahlenmittelwert des Polymerisationsgrades

wurden die DP der PA-6-Fraktionen in Massemittelwerte umgerechnet, und diese Werte wurden für die Berechnung der experimentellen Integralkurve in Gleichung (1) eingesetzt.

Neben dem „visuellen" Vergleich der MMV-Kurven mit den NV-Kurven bestimmten wir aus den Fraktionierdaten den statistischen Mittelwert des Polymerisationsgrades ($\overline{P}$)

$$\overline{P} = \sum_{1}^{i} m_{Pi} \cdot Pi, \qquad (6)$$

m_{Pi} = Masse-Anteil der i. Fraktion,
Pi = DP der i. Fraktion.

Daraus und aus dem DP der unfraktionierten PA-6-Probe wurde der Quotient $\overline{P}$/DP errechnet. $\overline{P}$/DP ≈ 1,9 bedeutet NV, $\overline{P}$/DP-Werte > 1,9 sind für breitere, $\overline{P}$/DP-Werte < 1,9 für engere MMV charakteristisch.

Die Beurteilung der Experimentalergebnisse nur anhand dieses Wertes führt dann zu Fehlurteilen, wenn in den Polymeren hochmolekulare Fraktionen ganz fehlen oder die zu erwartenden Anteile hochmolekularer Fraktionen bei weitem nicht gefunden werden. Bei breiteren Verteilungen werden dann $\overline{P}$/DP-Werte ermittelt, die NV und sogar engere Verteilungen vortäuschen. Deshalb muß bei der Auswertung der „visuelle" Vergleich unbedingt mit herangezogen werden.

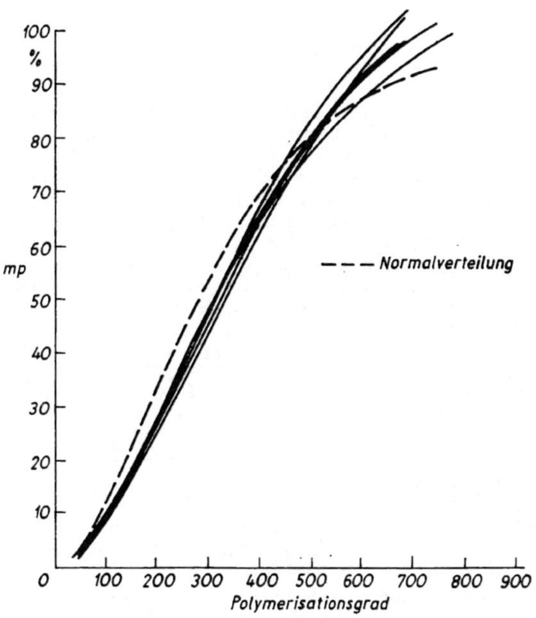

Bild 1. Sechsfachfraktionierung der Charge 2497/35

1.5. Fehlerbetrachtung

Um einen Überblick über die Größe der durch die Fraktionier- und Auswertemethode bedingten Fehler zu gewinnen, wurde dasselbe Versuchsmaterial (Charge 2497/35[1]) sechsmal fraktioniert. Die Fehlerauswertung erfolgte derart, daß aus den Integralkurven[2]) die zu den I(P)-Werten 10, 20 bis 95% gehörenden P-Werte abgelesen und der üblichen Fehlerrechnung unterworfen wurden (Tabelle 1).

[1]) Polymerisationsbedingungen:
CH_3COOH-Gehalt: 1/175 mol/mol Lactam
Wasser-Gehalt: 1,4%
Polymerisationsaggregat: Autoklav
Polymerisationsdauer: 35 h
LV = 1,64 DP = 161

[2]) Da die experimentell ermitelte Integralkurve nicht durch alle Meßwerte „gelegt" werden kann, damit also schon eine — wenn auch notwendige — Mittelung (Idealisierung) vorgenommen werden muß, entspricht das Ergebnis der Fehlerauswertung nicht ganz den Realitäten.

Die experimentelle MMV-Kurve stimmt relativ gut mit der NV-Kurve überein, aber sie hat auch den unter Punkt 2 diskutierten prinzipiellen Verlauf gegenüber der NV-Kurve (siehe Bild 1). Diesem experimentellen Ergebnis entspricht auch das Resultat der Fehlerrechnung: die relative Schwankung der Einzelwerte um ihren Mittelwert (Variationskoeffizient V) ist im niederen P-Bereich größer, sie wird mit steigendem P geringer, bleibt im mittleren *P*-Bereich am kleinsten und relativ konstant und nimmt dann mit steigendem *P* in immer größerem Maße zu. *Reinisch* u. a. [33] gelangten zu gleichen Ergebnissen.

Mit Hilfe der Mehrfachfraktionierung 2497/35 bestimmten wir $\overline{P}$/DP zu 1,92 ± 0,06, d. h., alle Fraktionierergebnisse mit $\overline{P}$/DP-Werten zwischen 1,86 und 1,98 weisen auf relativ gute Übereinstimmung zwischen experimentell ermittelter und nach Gleichung (1) berechneter MMV hin, sofern die „visuelle" Beurteilung diese Aussage bestätigt.

Tabelle 1. Fehlerauswertung einer Sechsfach-Fraktionierung (Charge 2497/35)

$I(P)$	P						$\overline{P}$	s	V
%	F1	F2	F3	F4	F5	F6	F1−F6	(±P)	%
10	104	103	110	103	95	106	103	4,96	4,82
20	162	166	160	161	159	160	161	2,53	1,57
30	220	223	209	212	210	205	213	6,91	3,24
40	268	273	255	260	258	258	262	6,96	2,66
50	320	328	306	312	308	314	315	8,30	2,64
60	373	382	365	365	358	370	369	8,36	2,27
70	430	439	434	423	410	430	428	10,14	2,37
80	496	504	519	492	469	495	496	16,37	3,30
85	540	539	568	533	503	531	536	20,84	3,89
90	584	576	623	580	545	577	581	24,94	4,29
95	640	615	692	640	590	635	635	33,84	5,33

Literatur

[1] *Flory, P. J.:* Molecular size distribution in linear condensation polymers. J. amer. chem. Soc. **58** (1936) S. 1877—1885.

[2] *Schulz, G. V.:* Die Bildung polymerer Stoffe durch Kondensationsgleichgewichte. Z. physik. Chemie **A 182** (1938), S. 127—144.

[3] *Taylor, G. B.:* The distribution of the molecular weight of Nylon as determined by fractionation in a phenol-water system J. amer. chem. Soc. **69** (1947) S. 638—644.

[4] *Wiloth, F.:* Über den Mechanismus und die Kinetik der ε-Caprolactam-Polymerisation in Gegenwart von Wasser. I. Molekulare Verteilungsfunktion des linearen Poly-ε-Caprolactams (PERLON). Makromol. Chemie **14** (1954) S. 156—168.

[5] *Hermans, P. H., Heikens, D.*, und *van Velden, P. V.:* A direct analytical test of the *Flory-Schulz*-distribution in Nylon 6 type equilibrium polymers. Preliminary Communication. J. Polymer Sci. **16** (1955) 82, S. 451 bis 457.

[6] *Menčik, Z.:* Molecular weight distribution in ε-caprolactam polymers Coll. czechoslov. chem. Commun. **22** (1957) 8, S. 1249—1252.

[7] *Griehl, W.*, und *Lückert, H.:* Kritische Betrachtungen zur Bestimmung der Uneinheitlichkeit von Polyamiden. J. Polymer Sci. **30** (1958) S. 399—412.

[8] *Howard, G.-J.:* Molecular weight distribution of Nylon 66. J. Polymer Sci. **39** (1959) 135, S. 548—549.

[9] *Duveau, N.*, und *Piguet, A.:* Fractionnement des polyamides par une methode en continu. J. Polymer Sci. **57** (1962), S. 357—372.

[10] *Mattiussi, A.*, und *Gechele, G. B.:* Molecular weight distribution in hydrolytic polycaprolactam. European Polymer J. **1** (1965) S. 147—157.

[11] *Gehrke, K.*, und *Reinisch, G.:* Untersuchung der Molekulargewichtsverteilung von Polyäthylenterephthalat während der Polykondensation und bei thermischem Abbau. Faserforsch. u. Textiltechnik **17** (1966) 5, S. 201—207.

[12] *Sippel, A.*, und *Albien, K.:* Zur Auswertung und Darstellung von Fraktioniererergebnissen bei Polykondensaten. Faserforsch. u. Textiltechnik **19** (1968) 4, S. 145 bis 148.

[13] *Desreux, V.*, und *Oth, A.:* Theorie und Praxis des Fraktionierens. Chem. Weekbl. **48** (1952) 2418, S. 247—259.

[14] *Koršak, V. V.:* Über den Reaktionsmechanismus der Polykondensation. Faserforsch. u. Textiltechnik **6** (1955) 6, S. 241—251.

[15] *Kudrjavcev, G. I., Katoržnov, N. D.*, und *Kratikova, A. G.:* Untersuchung der fraktionsmäßigen Zusammensetzung des Polycaprolactams. Chim. Volokna (Chem. Fasern) (1960) 2, S. 30—33.

[16] *Biernacki, P., Chrzczonowicz, S.*, und *Wlodarczyk, M.:* Molecular weight distribution of polycaproamide obtained by anionic polymerisation of caprolactam in solvent. European Polymer J. **7** (1971) 6, S. 739—747.

[17] *Pavlov, A. V., Bresler, S. E.*, und *Rafikov, S. R.:* Molekulargewichtsverteilung von Poly-ε-Caproamid, hergestellt durch anionische Polymerisation. Vysokomol. Soed. (Hochmol. Verbind.) **6** (1964) 11, S. 2068 bis 2072.

[18] *Theil, I., Calugaru, E.-M.*, und *Feldman, D.:* Zur Fraktionierung von Polykondensaten. Faserforsch. u. Textiltechnik **23** (1972) 3, S. 123—127.

[19] *Rafler, G.*, und *Reinisch, G.:* Methodische Untersuchungen zur phasentrennenden Fraktionierung von Polycaprolactam Angew. makromol. Chemie **20** (1971) S. 57—69.

[20] *Weltzien, W.*, u. a.: Die Kettenlängenverteilung von hochpolymeren Faserstoffen über die fraktionierte Fällung von Polyamiden. Forsch.-Ber. des Landes Nordrhein-Westfalen Nr. 64 (1954).

[21] *Kotliar, A. M.:* Eine kritische Beurteilung von mathematischen Modellen der Molekulargewichtsverteilung, die für reale Polymerverteilungen vorgeschlagen wurden. J. Polymer Sci., Part. A **2** (1964) S. 4303—4325.

[22] *Felber, W.:* Zur Bestimmung der Molmassenverteilung Hochpolymerer durch Fraktionierung und statistische Auswertung. Dissertation TU Dresden 1969.

[23] *Koningsveld, R.:* Preparative and analytical aspects of polymer fractionation. Adv. Polymer Sci. **7** (1970) 1, S. 1—69.

[24] *Klein, J.:* Zur Optimierung der Polymerfraktionierung auf der Grundlage von Lösungsgleichgewichten in Lösungsmittel-Fällungsmittelsystemen. Angew. makromol. Chemie **10** (1970), S. 21—48.

[25] *Klein, J.*, und *Weinhold, G.:* Vergleichende Untersuchungen zur Trennleistung von Lösefraktionierungen. Angew. makromol. Chemie **10** (1970) S. 49—68.

[26] *Schiedermaier, E.*, und *Klein, J.:* Untersuchungen zur Optimierung der Fällfraktionierung von Polymeren. Angew. makromol. Chemie **10** (1970) S. 169—187.

[27] *Fajnerman, A. E.*, und *Poljakova, V. M.:* Über eine Art der Linearisierung der wahrscheinlichsten *Flory*-Verteilung. Vysokomol. Soed. (Hochmol. Verbind.) Ser. A **10** (1968) 5, S. 1214—1216; dt. in: Sowj. Beitr. Faserforsch. Textiltechnik **5** (1968) 9, S. 449—451.

[28] *Fajnerman, A. E.:* Zur Frage der Verteilungsfunktion bei Polykondensaten. Faserforsch. u. Textiltechnik **21** (1970) 5, S. 215—217.

[29] *Reinisch, G.*, und *Dietrich, K.:* Zur Nachacylierung der Aminoendgruppen von Polycaprolactam Faserforsch. u. Textiltechnik **21** (1970) 9, S. 367—370.

[30] *Gordijenko, A.:* Fraktionierung der synthetischen Spinnstoffe. Faserforsch. u. Textiltechnik **4** (1953) 12, S. 499—507.

[31] *Teichgräber, M.:* Numerische Differentiation von Molekulargewichtsverteilungskurven. Faserforsch. u. Textiltechnik **19** (1968) 6, S. 249—252.

[32] *Matthes, A.:* Gang und Gleichgewicht der Caprolactampolymerisation. Makromol. Chemie **13** (1954) S. 90—101.

[33] *Reinisch, G.*, u. a.: Methodische Untersuchungen zur phasentrennenden Fraktionierung von Polycaprolactam. Abschlußbericht Faserforschung IFF (1970).

Eingegangen am 15. März 1973

Zur Beschreibung der Wärmebeständigkeit von Polycaproamid und der Wirksamkeit von Thermostabilisatoren mit Hilfe der Differential-Thermoanalyse

Kiril Dimov, Janko Georgiev und Bečev, Christo

Chemisch-Technologisches Institut, Sofia/VR Bulgarien

DK 678.675'126:677.494.675'126:536.495:542.929.4:677.017.56:543.226

Der Zusammenhang bzw. die Abhängigkeit zwischen Fläche und Höhe des thermooxydativen exothermen Peaks in den Thermogrammen des Polycaproamids (PA 6) und des prozentualen Festigkeitserhaltes der Polycaproamidcordseide nach erfolgter Thermobehandlung wurden untersucht. Dabei wurde auf die Möglichkeit, die Thermobeständigkeit bei Gebrauch des PA 6 je nach der Peakhöhe zu charakterisieren, hingewiesen.

К описанию термостойкости поликапроамида и эффективности термостабилизаторов методом дифференциального термического анализа

Изучена зависимость между площадью и высотой экзотермического пика в термограммах поликапроамида и остаточной прочностью полиамидного кордного волокна после термообработки. Указано на возможность охарактеризовывания термостойкости ПА-6 по высоте пика.

DTA Investigation of Thermal Stability of Polyamide 6 and of the Effects of Stabilizers

The relationship between area and hight of the thermooxidative exothermic peak in thermograms of polyamide 6 and their connection with the remaining strength of cord filament yarn after thermal treatment have been investigated The assessement of thermal stability in application of polyamide 6 by the hight of the peak is outlined.

Polycaproamid-Cordseide weist bei thermischer Belastung nur eine relativ niedrige Beständigkeit auf. Einsatz bei hohen Temperaturen führt zu thermischem Abbau und Vernetzung des Polymeren, und in Gegenwart von Sauerstoff und Wasser laufen oxydative und hdrolytische Prozesse ab, die zu einer Abnahme des Polymerisationsgrades sowie einer Verschlechterung der Gesamtheit der physikalisch-mechanischen Eigenschaften führen.

Die Gebrauchseigenschaften technischer Faserstoffe werden insbesondere durch die mechanische Festigkeit dieser Materialien charakterisiert, so daß auch die Wärmebeständigkeit der Fäden und die Wirksamkeit verwendeter Thermostabilisatoren hauptsächlich durch die Änderung der mechanischen Festigkeit nach thermischer Belastung der Fäden unter definierten Bedingungen charakterisiert werden. Zur Beschreibung der Wärmebeständigkeit des Ausgangspolymeren bzw. zur Untersuchung der Effektivität von Stabilisatoren bereits vor dem Spinnen ist dieses Verfahren naturgemäß nicht anwendbar. Hier werden z. B. Viskositätsänderungen nach der Wärmebehandlung, Masseverluste bei der thermischen Belastung und Induktionsperioden der Thermooxydation als Untersuchungsmethoden eingesetzt. Die dabei erhaltenen Ergebnisse korrelieren jedoch nicht immer mit hinreichender Genauigkeit mit der Festigkeitsabnahme von thermisch belasteten Fäden aus diesen Polymeren, so daß sie keine eindeutigen Aussagen über den Gebrauchswert der Materialien zulassen.

Wir berichten in dieser Mitteilung über die Anwendung der Differential-Thermoanalyse zur Beschreibung der Wärmebeständigkeit von Polycaproamid und der Wirksamkeit von Thermostabilisatoren.

Die Thermoanalyse wird oftmals zur Bewertung der Thermostabilität von Polymeren benutzt [1]. Bedingt durch den dynamischen Temperaturverlauf bei der Thermoanalyse, werden meßbare Abbauerscheinungen erst bei höheren Temperaturen als unter isothermen Bedingungen registriert, so daß sich die bei der Thermoanalyse erhaltenen Ergebnisse von den bei länger anhaltender Behandlung des Polymeren bei erhöhten Temperaturen erzielten Resultaten unterscheiden. Dessen ungeachtet können jedoch mitunter beobachtete, aus thermooxydativen Abbaureaktionen resultierende Peaks in den Thermogrammen zur Charakterisierung der Wärmebeständigkeit der Polymeren herangezogen werden.

Die Thermogramme von Polycaproamid und Polyhexamethylenadipamid weisen beim dynamischen Erhitzen der Polymeren in Luft unter statischen Bedingungen exotherme Peaks bei 205 bis 208 °C bzw. 240 bis 245 °C auf, die auf Oxydationsreaktionen zurückgeführt werden [2, 3]. Dabei wird unter vergleichbaren Bedingungen die Fläche des exothermen Peaks vom Umfang der Thermooxydation bestimmt. Andererseits hängen auch die Änderungen der physikalisch-mechanischen Eigenschaften der Faserstoffe vom Ausmaß der Thermooxydationsreaktionen bei der Wärmebehandlung ab, so daß ein gesetzmäßiger Zusammenhang zwischen der Flächengröße der bei der Thermooxydation erhaltenen exothermen Peaks und der durch die Festigkeitsabnahme nach thermischer Belastung ausgedrückten Thermobeständigkeit der Fäden existieren sollte. Im Falle thermostabilisierter Materialien sollte die Fläche des exothermen Peaks darüber hinaus Informationen über die Wirksamkeit der verwendeten Stabilisatoren liefern.

Wir überprüften diese Hypothese an Cordseide des Typs WIDLON, die mit Metallsalzkombinationen nach dem Diffusionsverfahren unterschiedlich thermostabilisiert waren. Die Seide hatte folgende Kennwerte: Feinheit 840 den/2, Festigkeit 7,2 p/den, Reißdehnung 29,0%. Die in Strähnchen auf Glasstäbe aufgezogene Seide wird in eine isolierte Wärmekammer gebracht und innerhalb von 2 h in statischer Luftatmosphäre behandelt. Die Festigkeitsmessungen werden nach der staatlichen bulgarischen Norm (BDS) -227-60 durchgeführt.

Die Seide wird folgendermaßen vorbehandelt: Die Strähnchen werden 30 s mit Heißwasser von etwa 100 °C behandelt, nachher 30 s in eine Lösung einer thermostabilisierenden Komposition (bestimmte Kon-

Tabelle 1. Zusammenhang zwischen Restfestigkeit der Polyamidcordseide Widlon nach Thermobehandlung (2 h bei 200 °C Luftatmosphäre) und Fläche (bzw. Höhe) des exothermen Peaks der DTA-Kurve

Proben Nr.	Temperaturbereich des Peaks °C	Peakhöhe mm	Peakfläche mm²	Restfestigkeit nach Thermobehandlung %
1	170···225	39,0	790	0,00
2	175···230	28,0	590	0,00
3	166···221	23,0	470	22,70
4	166···222	19,0	390	40,60
5	165···220	14,0	275	63,50
6	164···219	13,5	265	63,50
7	165···220	13,0	255	67,40
8	164···218	12,5	240	69,00
9	163···218	11,0	215	75,80
10	163···217	11,0	220	76,90
11	163···217	11,0	215	77,10
12	163···217	11,0	215	77,90
13	163···217	10,5	210	79,00
14	163···217	9,5	190	82,50

zentration, Temperatur, Modul und Zusammensetzung des Bades) getaucht. Die mit der Lösung behandelten Strähnchen werden dreimal mit destilliertem Heißwasser gespült, dazwischen jeweils mit Laborwalzen ausgepreßt und zum Schluß dreimal mit destilliertem Kaltwasser gespült. Die auf diese Weise behandelten Strähnchen werden bei bestimmter Temperatur getrocknet und fixiert.

Die Strähnchen wurden vor der Untersuchung zerkleinert (Fadenlänge bis 1 mm) und daraus Proben von 600 mg für die Einzelanalysen entnommen. Die DTA-Kurven der Proben wurden mit einem Derivatograph Typ OD-102 der Firma MOM-Budapest (Standardtiegel, Aufheizgeschwindigkeit 3 grd/min, Temperaturbereich 30 bis 300 °C, statische Luftatmosphäre) aufgenommen und parallel der Festigkeitsverlust nach 2 h Erhitzen der unbelasteten Fäden auf 200 °C in Luft ermittelt. Eine Zusammenstellung der Meßwerte enthält Tabelle 1; in den Bildern 1 und 2 sind typische DTA-Kurven für unstabilisierte Seidenproben dargestellt. Gleiche Probenummern bei Bildern und Tabelle entsprechen gleichen Materialien.

Alle thermostabilisierten Proben lieferten Thermogramme mit deutlich ausgeprägten exothermen Peaks bei 205 bis 208 °C, deren Fläche beträchtlich kleiner als die der Peaks der unstabilisierten Seide war. Durch

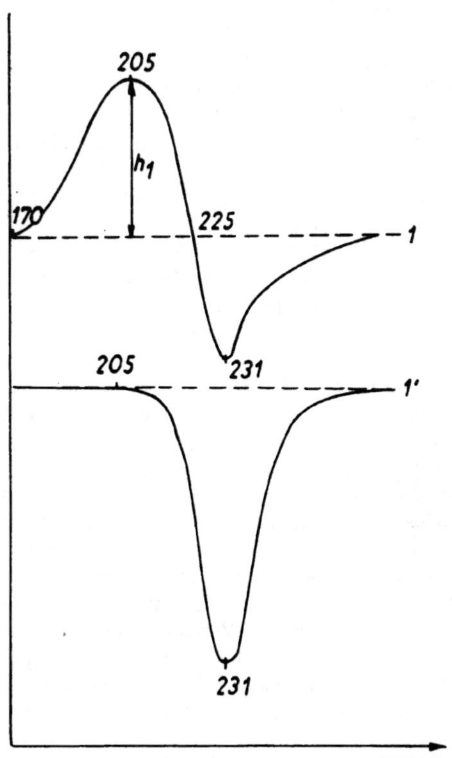

Bild 1. DTA von nichtstabilisiertem Polycaproamid WIDLON
1 — in statischer Luftatmosphäre
1' — in dynamischer Stickstoffatmosphäre

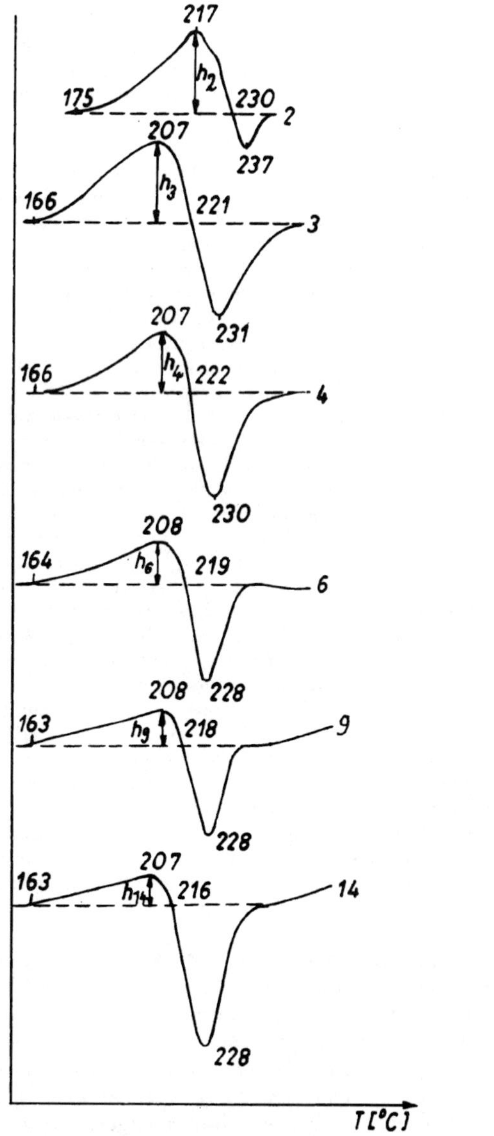

Bild 2. DTA von thermostabilisierten Proben aus Cordseide WIDLON. Die Thermogrammnummern entsprechen den Probenummern aus Tabelle 1

Optimierung der Stabilisatorzusammensetzung und der Stabilisierungsbedingungen verringerte sich allmählich die Fläche des exothermen Peaks; parallel hierzu wuchs die durch höhere Restfestigkeiten nach der Wärmebehandlung ausdrückbare Thermobeständigkeit dieser Matelialien. Die von uns beobachtete umgekehrt proportionale Abhängigkeit zwischen der Fläche des Thermooxydationspeaks und der Thermobeständigkeit kann prinzipiell für quantitative Untersuchungen herangezogen werden.

Die DTA-Kurven in Bild 2 lassen erkennen, daß sich mit verbesserter Thermostabilisierung der Proben nur die Fläche des Oxydationspeaks, nicht jedoch der Temperaturspanne ändert, in dem der exotherme Prozeß abläuft. Die allmähliche Optimierung der Stabilisatorzusammensetzung und der Stabilisierungsbedingungen führt zu einer Verringerung des Anstiegs der Thermooxydationspeaks; unabhängig von der Peakfläche erstreckt sich der Oxydationsprozeß über einen Bereich von 54 bis 56 grd (vgl. Tabelle 1). Diese Ergebnisse ermöglichen die Benutzung der Differential-Thermoanalyse als eine Schnellmethode zur Charakterisierung der Thermobeständigkeit von Polycaproamid, wenn angenommen wird, daß die Flächen der Thermooxydationspeaks Dreiecke mit annähernd gleichen Basislinien darstellen. Zwischen der Peakhöhe und der Restfestigkeit der Seiden nach der Thermobehandlung besteht dann ein gesetzmäßiger Zusammenhang (vgl. Tabelle 1). Die graphische Darstellung läßt erkennen, daß sowohl zwischen der Höhe als auch der Fläche des Thermooxydationspeaks einerseits und der Restfestigkeit der Fäden nach 2 h Erhitzen auf 200 °C an der Luft andererseits eine nahezu lineare Abhängigkeit besteht.

Notwendige Voraussetzung für die Anwendung der Differential-Thermoanalyse zur Charakterisierung der Thermobeständigkeit des Polycaproamids ist eine stabile, horizontale Grundlinie in den DTA-Kurven; ansonsten ist insbesondere bei Proben mit hoher Wärmebeständigkeit die exakte Bestimmung der Grundlinie des Peaks nur schwer durchführbar. In solchen Fällen ist die Bestimmung der Peakhöhe genauer durchführbar als die Ermittlung der Peakfläche, da

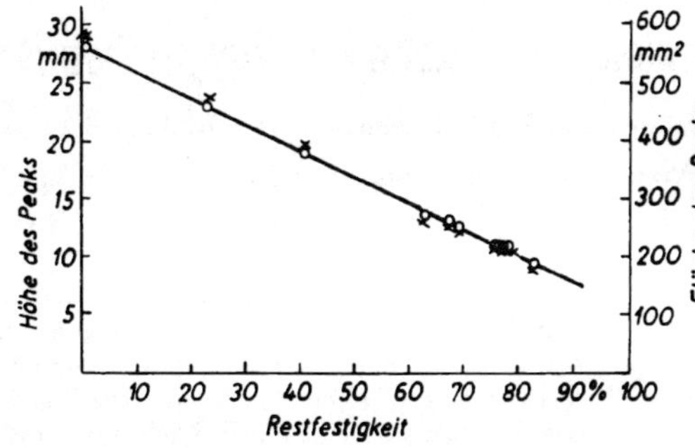

Bild 3. Abhängigkeit zwischen Höhe des exothermen Peaks (o) bzw. Fläche des Peaks (×) und Restfestigkeit nach Thermobehandlung (2 h bei 200 °C, statische Luftatmosphäre).

letztere durch Verschiebungen der Grundlinie wesentlich stärker verändert wird.

Die in Bild 3 dargestellte lineare Abhängigkeit zwischen DTA-Meßwerten und Restfestigkeit thermisch belasteter Fäden kann keineswegs als generell gültige Beziehung angesehen werden, da bisher zu wenig Proben untersucht wurden, um die Methoden der Korrelationsanalyse anzuwenden. Unsere Ergebnisse weisen jedoch nach, daß insbesondere die Beziehung zwischen Peakhöhe und Restfestigkeit der Fäden nach der Thermooxydation eine prinzipielle Möglichkeit darstellt, mit Hilfe der Differential-Thermoanalyse eine quantitative Beurteilung der Thermobeständigkeit von Polycaproamidfäden während des Gebrauchs vorzunehmen.

Literatur

[1] *Tejtel'baum, B. Ja.*, und *Anošina, N. P.:* Thermographie von Polymeren. Usp. Chimii, (Fortschr. d. Chemie) **36** (1967) **1**, S. 142—166.

[2] *Schwenker, R. F.*, und *Beck, L. R.:* The differential thermal analysis of textile and other high polymeric materials. Textile Res. J. **30**, (1960) 8, S. 624—626.

[3] *v. Hornuff, G.*, und *Jacobasch, H.-J.:* Zur Anwendung der Differential-Thermoanalyse in der Textilchemie. I. Faserforsch. u. Textiltechnik **18** (1967) 5, S. 227—236.

Eingegangen am 4. Januar 1973

Chemiefaserzellstoffe aus ägyptischen Baumwoll-Linters

M. Amine Abou-State und Fouad F. Abd El-Megeid

Department of Chemistry, Faculty of Science, University of Cairo, Giza, ARE

DK 661.728.312.1(620):677.021.122.225:661.728.84:541.938

Durch hohe Reinheit, offenere und zugänglichere innere Struktur sowie besseres Reaktionsvermögen bei der Xanthogenierung gekennzeichnete Baumwollzellstoffe wurden aus ägyptischen Baumwoll-Linters nach dem Vorhydrolyse-Natron-Verfahren hergestellt. Die mechanische Reinigung ergab eine günstige Herabsetzung des Gehaltes an Asche und Silicium sowie die Entfernung beträchtlicher Mengen von Samen- und Schalenteilchen. Das Vorhydrolyse-Natron-Verfahren erwies sich gegenüber dem Sulfatverfahren als überlegen, insbesondere wenn die Vorhydrolyse und der Aufschluß unter Atmosphärendruck durchgeführt wurden. Weitere Verbesserungen wurden durch Anwendung einer Heißveredlung beim Bleichen oder durch Erhöhung der Hydrolysedauer erzielt.

Химическая целлюлоза из хлопкового делинта египетского происхождения

По натронному способу с предгидролизом из делинта были получены образцы хлопковой целлюлозы, отличающиеся высокой степенью чистоты, более рыхлой и доступной структурой и повышенной реакционной способностью при ксантогенировании. Предварительная механическая очистка позволяет снизить содержание золы и кремния, а также удалить значительные количества семенных частиц и шелухи. Описываемый метод имеет определенные преимущества по сравнению с сульфатным методом, особенно, если процессы предгидролиза и варки осуществляются под атмосферным давлением. Дополнительное улучшение качества целлюлозы достигается путем горячего облагораживания в процессе отбелки и увеличения продолжительност и предгидролиза.

Dissolving Pulps from Egyptian Cotton Linters

Cotton pulps which are characterised by a high degree of chemical purity and a more open and accessible inner structure as well as a better reactivity towards xanthation were obtained from Egyptian cotton linters by prehydrolysis-soda process. Mechanical purification was very effective in lowering the ash and silica contents and in removing considerable amounts of the broken seeds and hull particles. The prehydrolysis-soda process was found to be superior to the sulphate process, especially if the prehydrolysis and pulping were carried out under atmospheric pressure. Further improvements were achieved either by applying hot refining within bleaching or by increasing the time of prehydrolysis.

1. Einleitung und Ziel der Arbeit

Chemisch behandelte Baumwolle findet zur Herstellung zahlreicher Erzeugnisse Anwendung, deren Skala sich von Sprengstoffen bis zu Chemiefaserstoffen erstreckt. Sie wird benutzt, wenn Reinheit, Farblosigkeit und hohe Festigkeit für das Erzeugnis wesentlich sind [1]. So sind Baumwollzellstoffe der bevorzugte Rohstoff zur Herstellung von Nitrocellulose, Celluloseacetat und ähnlichen Cellulosederivaten [2]. Jedoch ist das Viskosebildungsvermögen von Baumwolle geringer als das von Holzcellulose [3, 4]. Das ist auf die Struktur und große Länge der Baumwollfaser zurückzuführen. Auch ist Baumwollcellulose durch eine weniger zugängliche innere Struktur und geringeres Reaktionsvermögen bei Xanthogenierung gekennzeichnet. Dies führt zur Bildung von Viskose mit schlechter Filtrierbarkeit [3]. Das Reaktionsvermögen von Zellstoff ist von dessen morphologischer Struktur abhängig, d. h. von der Dicke der verschiedenen Zellwände, der Orientierung der Fasern und der Größe der interfibrillaren und intermizellaren Zwischenräume. Die morphologische Struktur hängt von der Art des Rohstoffes, dem Aufschlußgrad und dem Bleichgrad ab, d. h. von der Aufrechterhaltung der ursprünglichen biochemischen Struktur [5]. Die physikalische Struktur des Zellstoffes, wie der Polymerisationsgrad, spielt auch eine wichtige Rolle. Ferner ist die chemische Zusammensetzung des Zellstoffes insofern von Bedeutung, als sie zeigt, wie weit die native morphologische Struktur angegriffen ist und dadurch die Reaktivität beeinflußt wird. Die Verteilung der verschiedenen nichtcellulosischen Bestandteile an der Oberfläche der Mizellen und Fasern beeinflußt ebenfalls das Reaktionsvermögen [6]. Kürzlich wurde festgestellt [7], daß Zellstoffe mit hohem chemischem Reinheitsgrad und hohem Weißgrad allgemein durch besseres Reaktionsvermögen bei der Xanthogenierung gekennzeichnet sind, und daß Zellstoffe mit offenerer und zugänglicherer innerer Struktur, wie sie durch höhere Affinität gegenüber Wasser und Alkalien erkennbar ist, bei der Xanthogenierung ebenfalls reaktionsfähiger sind, selbst wenn sie einen geringeren Grad der chemischen Reinheit aufweisen.

In der vorliegenden Arbeit wurden die Wirkung unterschiedlicher Bedingungen bei der Vorhydrolyse, dem Aufschluß und der Veredlung auf die physikalischen und submikroskopischen Kennwerte des Zellstoffes, insbesondere auf sein Reaktionsvermögen bei der Xanthogenierung, untersucht.

Verglichen mit Holz und anderen Celluloserohstoffen, enthalten Linters viel geringere Mengen von nichtcellulosischen Verunreinigungen, weshalb ihre chemische Reinigung viel einfacher ist. Sie werden gewöhnlich einem Aufschluß mit verdünnter Natronlauge unterworfen. Häufig werden dem Aufschlußmedium Benetzungsmittel zugesetzt, um das Entfernen der Verunreinigungen zu erleichtern [8, 9]. Nach dem Aufschluß werden die Linters einer milden Hypochloritbleiche unterworfen. Jedoch ist bei ägyptischen Linters der Reinigungsprozeß nicht so einfach, weil der außergewöhnlich hohe Aschegehalt und die große Faserlänge bei den Verarbeitungs- und Waschprozessen Schwierigkeiten bereiten. Außerdem sind ägyptische Linters mit größeren Mengen von Schalen- und Samenresten verunreinigt. Diese sind infolge ihrer chemischen Unlöslichkeit unerwünscht. Das Entfernen dieser Verunreinigungen aus den Linters vor dem Aufschluß vermindert den Chemikalienverbrauch und ermöglicht mildere Aufschlußbedingungen, die ihrerseits in höherem Gehalt an α-Cellulose und höherem Polymerisationsgrad resultieren [10]. Daher bestand ein Ziel dieser Arbeit auch darin, aus ägyptischen

Linters Baumwollzellstoffe herzustellen, die durch einen höheren Grad von chemischer Reinheit, größeren Kurzfasergehalt und das Fehlen von Schalenteilchen gekennzeichnet sind.

2. *Experimenteller Teil*

Die in dieser Arbeit angewandten experimentellen Verfahren und Analysenmethoden waren dieselben wie früher [11].

3. *Ergebnisse und Diskussion*

3.1. *Wirkung der mechanischen Reinigung*

Die mechanische Reinigung erwies sich im Hinblick auf die Herabsetzung des Asche- und Siliciumdioxidgehaltes als sehr wirksam. Der Aschegehalt wurde von 3,85 auf 1,74% und der Siliciumdioxidgehalt von 2,20 auf 1,10% herabgesetzt. Auch beträchtliche Mengen (ca. 85%) der Schalenteilchen und Samenteilchen wurden entfernt [12]. Aus diesen Gründen wurden alle Aufschlußversuche mit mechanisch gereinigten Linters durchgeführt.

3.2. *Aufschluß der Linters*

Die mechanisch gereinigten Linters wurden einem Aufschluß nach dem Vorhydrolyse-Alkali-Verfahren, wie in Tabelle 1 verzeichnet, unterworfen. Die Versuche I, II, III und IV wurden unter Atmosphärendruck durchgeführt. Offenkundig hat eine Erhöhung der Vorhydrolysendauer praktisch keine Wirkung auf die chemische Zusammensetzung der Zellstoffe. Jedoch wurden die physikalischen und submikroskopischen Kennwerte stark beeinflußt. Der DP wurde von 1449 (Versuch I) auf 1246 (Versuch II), 944 (Versuch III) und 600 (Versuch IV) herabgesetzt. Das Laugenaufnahmevermögen nahm von 238,8 (Versuch I) auf 345,9 (Versuch IV) zu. Ebenso nahmen die Werte für das Wasseraufnahmevermögen und das Aufnahmevermögen für Natriumhydroxid zu. Der Anteil der reaktionsfähigeren amorphen Cellulose erhöhte sich, wie man aus der Abnahme des Kristallinitätsgrades von 97,9 auf 90,1 erkennt. Jedoch wurde das Reaktionsvermögen gegenüber Xanthogenierung nur verbessert, wenn die Dauer der Vorhydrolyse von 1 auf 4 und 5 h erhöht wurde (Versuche I, III und IV). Die Erhöhung der Vorhydrolysedauer von 1 auf 2 h hatte keine Wirkung auf die Reaktionsfähigkeit bei Xanthogenierung (Versuche I und II).

In Versuch V wurden Vorhydrolyse und Aufschluß unter hohem Druck durchgeführt. Der erhaltene Zellstoff war im Hinblick auf die chemischen Kennwerte sehr zufriedenstellend, jedoch seine physikalischen und submikroskopischen Kennwerte waren nicht besser als bei den unter Atmosphärendruck erhaltenen Zellstoffen (Versuche I, II, III und IV). Er hatte geringere Werte der Wasser-, Natriumhydroxid- und Laugenaufnahme, höheren Kristallinitätsgrad und geringere Reaktionsfähigkeit bei der Xanthogenierung.

3.3. *Einfluß der Heißveredlung*

In Versuch I wurde die zweite Bleichstufe unter drastischeren Bedingungen durchgeführt, und zwar einmal durch Temperaturerhöhung von 40 auf 80 °C (Zellstoffe 1 und 2) und andererseits durch Anwendung von 8% Natriumhydroxid bei 80 °C (Zellstoff 3), wie es in Tabelle 2 verzeichnet ist. Offensichtlich wurde die chemische Zusammensetzung des Zellstoffes nicht beeinflußt, abgesehen von dem Asche- und Siliciumdioxidgehalt, der bei Zellstoff 3 etwas zurückging. Dies steht im Gegensatz zu den submikroskopischen und physikalischen Eigenschaften, insbesondere dem DP, der von 1449 (Zellstoff 1) auf 1292 (Zellstoff 2) und 810 (Zellstoff 3) herabgesetzt wurde. Die Affinität gegenüber Alkalien nahm zu, und der Kristallini-

Tabelle 1. Vorhydrolyse-Alkali-Aufschluß von ägyptischen Baumwoll-Linters

Versuch Nr.		I	II	III	IV	V
Menge an H_2SO_4/100 g Rohstoff		2	2	2	2	1
Konz. der H_2SO_4-Lösung		0,1	0,1	0,1	0,1	0,1
Flottenverhältnis		20:1	20:1	20:1	20:1	10:1
Maximale Temperatur	°C	100	100	100	100	120
Zeit bei maximaler Temperatur	h	1	2	4	5	$^3/_4$
Menge an NaOH/100 g vorhydrol. Material		20	20	20	20	12
Konz. der NaOH-Lösung		1	1	1	1	1,2
Flottenverhältnis		20:1	20:1	20:1	20:1	10:1
Maximale Temperatur	°C	100	100	100	100	130
Zeit bei maximaler Temperatur	h	2	2	2	2	1,5
Ausbeute	%	80,5	80,1	79,9	78,0	80,4
Ätherextrakt	%	1,0	1,0	0,9	1,1	1,0
Asche	%	0,15	0,11	0,12	0,11	0,10
Siliciumdioxid	%	0,03	0,02	0,03	0,03	0,02
DP		1449	1246	944	600	1490
α-Cellulose	%	99,43	99,50	99,42	99,30	99,41
Wasser-Rückhaltevermögen	%	26,1	26,7	29,8	33,2	24,8
Laugen-Rückhaltevermögen	%	238,8	251,3	300,0	345,9	229,8
NaOH-Rückhaltevermögen	%	50,1	53,6	63,1	73,4	45,1
Kristallinitätsgrad	%	97,9	96,0	93,1	90,1	98,3
Reaktionsfähigkeit (% unlösl. Cellulose)		92,4	92,5	90,5	86,2	92,7

Tabelle 2. Einfluß der Heißveredlung

Versuch Nr.		I	I	I
Zellstoff Nr.		1	2	3
NaOH-Menge/100 g Zellstoff		4	4	8
Temperatur, °C		40	80	80
Ausbeute	%	80,5	79,6	78,0
Ätherextrakt	%	1,0	1,1	1,2
Asche	%	0,15	0,14	0,12
Siliciumdioxid		0,03	0,03	0,02
DP	%	1449	1292	801
α-Cellulose	%	99,43	99,40	99,34
Wasser-Rückhaltevermögen	%	26,1	26,3	25,9
Laugen-Rückhaltevermögen	%	238,8	243,2	249,5
NaOH-Rückhaltevermögen		50,1	51,5	53,0
Kristallinitätsgrad	%	97,9	97,0	95,1
Reaktionsvermögen (% unlösl. Cellulose)		92,4	92,7	91,8

tätsgrad nahm ab. Eine geringfügige Verbesserung der Reaktionsfähigkeit bei der Xanthogenierung trat nur ein, wenn die Veredlung mit 8% Natriumhydroxid bei 80 °C durchgeführt wurde (Zellstoff 3).

3.4. Vergleich der Verbesserungen bei den submikroskopischen und physikalischen Eigenschaften der durch Vorhydrolyse und durch Alkaliveredlung erhaltenen Zellstoffe

Die Verbesserungen der submikroskopischen und physikalischen Kennwerte bei den durch Heißveredlung und Vorhydrolyse erhaltenen Zellstoffen ist in Tabelle 3 veranschaulicht. Der Ausgangszellstoff (Nr. 1) wurde einmal mit 4% NaOH bei 80 °C veredelt (Zellstoff 2) und zum anderen durch Anwendung von 8% NaOH bei 80 °C (Zellstoff 3). In den Versuchen II, III und IV wurde die Vorhydrolysedauer auf 2, 4 bzw. 5 h erhöht. Offensichtlich führten die Heißveredlung und die Vorhydrolyse unter drastischeren Bedingungen zu verbesserten physikalischen und submikroskopischen Kennwerten des Zellstoffes. Jedoch ist die durch Vorhydrolyse herbeigeführte Verbesserung viel größer als die durch Heißveredlung erzielte. Die Zellstoffe aus den Versuchen II, III und IV haben höhere Wasser-, Natriumhydroxid- und Laugenaufnahme, geringeren Kristallinitätsgrad und besseres Reaktionsvermögen bei der Xanthogenierung.

Tabelle 4. Einfluß der Sulfidität

Versuch Nr.		III	V
Konz. der H_2SO_4-Lösung	%	0,1	0,1
Gesamt-Natrium	%	11,49	11,49
Konz. der NaOH-Lösung	%	1	0,791
Konz. der Na_2S-Lösung	%	—	0,194
Ausbeute	%	79,9	86,3
Ätherextrakt	%	0,9	0,9
Asche	%	0,12	0,21
Siliciumdioxid	%	0,03	0,06
DP	%	944	1500
α-Cellulose	%	99,6	97,7
Wasser-Rückhaltevermögen	%	29,8	22,1
Laugen-Rückhaltevermögen	%	300,0	233,6
NaOH-Rückhaltevermögen	%	63,1	46,3
Kristallinitätsgrad	%	93,1	97,3
Reaktionsvermögen (% unlösl. Cellulose)		90,5	94,4

3.5. Einfluß der Sulfidität

In den Versuchen III und V (Tabelle 4) wurden die beiden Zellstoffe unter genau gleichen Bedingungen vorhydrolysiert. Dann wurden sie 2 h einer Alkalibehandlung unter Atmosphärendruck unterworfen. Die gesamte Na-Menge war in beiden Versuchen gleich (11,49%). Jedoch wurde bei Versuch III der Aufschluß nur mit Natriumhydroxid durchgeführt, während bei Versuch V eine Mischung von Natriumhydroxid und Natriumsulfid zur Anwendung kam. Tabelle 4 zeigt, daß der Sulfataufschluß eine unvorteilhafte Wirkung auf die chemischen, physikalischen und submikroskopischen Kennwerte des Zellstoffes ausübt. Der Sulfatzellstoff hat geringeren α-Cellulosegehalt und höheren Asche- und Siliciumdioxidgehalt. Seine Affinität zu Wasser und Alkali ist viel geringer als die von Na-Zellstoff. Auch ist Na-Zellstoff reaktionsfähiger bei der Xanthogenierung.

Tabelle 3. Vergleich der Verbesserung der physikalischen Eigenschaften bei alkalischer Veredlung und Vorhydrolyse

		Veredlung			Vorhydrolyse		
Versuch Nr.		I	I	I	II	III	IV
Zellstoff Nr.		1	2	3	—	—	—
DP		1449	1292	811	1246	944	600
Wasser-Rückhaltevermögen	%	26,1	26,3	25,9	26,7	29,8	33,2
Laugen-Rückhaltevermögen	%	238,8	243,2	249,5	251,3	300,0	345,9
NaOH-Rückhaltevermögen	%	50,1	51,5	53,6	53,6	63,1	73,4
Kristallinitätsgrad	%	97,9	97,0	95,1	96,0	93,1	90,1
Reaktionsvermögen (% unlösl. Cellulose)		92,4	92,7	91,8	92,5	90,5	86,2

4. Schlußfolgerungen

Aus dem Vorangehenden ist klar zu erkennen, daß ägyptische Linters trotz ihrer Langfaserigkeit, ihrer starken anorganischen Verunreinigungen und ihres hohen Gehaltes an Samen- und Schalenteilchen zur Herstellung von Chemiefaserzellstoffen geeignet sind. Die Fasern können durch Schneiden verkürzt werden. Die mechanische Reinigung ist im Hinblick auf die Verminderung des Asche- und Siliciumdioxidgehaltes sowie das Entfernen beträchtlicher Mengen von Samen- und Schalenteilchen sehr effektiv. Das Vorhydrolyse-Natron-Verfahren ist dem Sulfatverfahren überlegen, weil es zu Zellstoffen mit besseren physikalischen, submikroskopischen und chemischen Kennwerten führt. Es ist vorzuziehen, die Vorhydrolyse und den Aufschluß unter Atmosphärendruck durchzuführen, weil dies die Herstellung von Zellstoffen mit einer offeneren und zugänglicheren inneren Struktur ermöglicht. Beim Aufschluß unter Atmosphärendruck können weitere Verbesserungen der physikalischen und submikroskopischen Kennwerte entweder durch Heißveredlung in der zweiten Bleichstufe oder durch Erhöhen der Vorhydrolysedauer erzielt werden. Jedoch ist das letztgenannte Verfahren vorteilhafter, weil es zu einer weitgehenderen Verbesserung dieser Eigenschaften führt.

Literatur

[1] *Malm, C. J.:* Cellulose acetate and wood cellulose. Svensk Papperstidn. **50** (1947) S. 135–137.

[2] *Richter, G. A.:* Influence of cellulose properties on acetylation behaviour. Tappi, New York **40** (1957) S. 429–441.

[3] *Fahmy, Y. A.*, und *Abou-State, M. A.:* Über die Beurteilung von Viskosezellstoffen. Teil I. Einfluß der morphologischen, chemischen und mancher physikalischer Eigenschaften des Zellstoffs auf die Viskosefiltrierbarkeit. Papier **15** (1961) S. 44–51.

[4] *Kiseleva, V. P.:* Die Anwendung von Baumwollcellulose in der Viskoseindustrie. Nauč. Issl. Trudy vsesojuž. Nauč. Issled. Inst. Iskusst, Volokna **16** (1955) 2; ref.: C A **53** (1959) 10771/d.

[5] *Jayme, G.:* Zellstoff 1939–1946. Darmstadt: Verein Zellcheming 1953, S. 105.

[6] *Jayme, G.:* Properties of wood celluloses. I. Chemical and morphological factors influencing pulp strength properties. Tappi, New York **41** (1958) S. 178A-180A.

[7] *Abou-State, M. A.*, und *Helmy, S. A.:* Dissolving pulps from Egyptian bagasse. I. Effect of depithing on the chemical, physical and sub-microscopic characteristics of viscose pulps. J. appl. chem. Biotechnol. **22** (1972) S. 1227–1232.

[8] *Mustafa, A., Dawoud, A. F.*, und *Fahmy, Y. A.:* Nitrability of differently treated cotton linters. Tappi, New York **43** (1960) S. 725–729.

[9] Purifying Cotton linters. E. I. du Pont de Nemours & Co. USP. 2,048,775 vom 28. Juli 1936. Ref. CA **30** (1936) 6210/2.

[10] *Dobo, E. J.*, und *Kobe, K. E.:* The centri-cleaner for the purification of cotton linters. Tappi, New York **40** (1957) S. 581–584.

[11] *Abou-State, M. A.*, und *Abd. El-Megeid, F. F.:* Die Wirkung einiger chemischer Behandlungen auf die Eigenschaften gereinigter ägyptischer Baumwollabfallfasern. Faserforsch. u. Textiltechnik **23** (1972) 10, S. 435–438.

[12] *Abou-State, M. A.*, und *Abd El-Megeid, F. F.:* Studies on the pulping of Egyptian cotton linters by the nitric acid process. J. appl. chem. Biotechnol. **22** (1972) S. 993–999.

Eingegangen am 30. März 1973

Neue Bücher

Properties of Polymers. Correlations with chemical Structure. Von *D. W. van Krevelen* unter Mitarbeit von *P. J. Hoftyzer.* Amsterdam/London/New York: Elsevier Publ. Co. 1972. XI, 427 S., Lwd. Dfl. 87,50.

Für eine große Anzahl polymerer Eigenschaften gilt das Additionsprinzip. Nach diesem Prinzip ist es möglich, die molare Eigenschaft einer polymeren Substanz als Summe der Beiträge der einzelnen funktionellen Gruppen auszudrücken. Wenn die Beiträge der funktionellen Gruppen zur molaren Eigenschaft bekannt sind, gestattet die Kenntnis der chemischen Strukturformel die unbekannte molare Eigenschaft relativ schnell abzuschätzen. Voraussetzung für die Funktionsfähigkeit der Methode ist eine theoretisch abgesicherte Definition molarer Funktionen, wie z. B. des molaren Volumens, der molaren Entropie, des molaren Brechungsindexes usw. Es ist zu berücksichtigen, daß eine molare Eigenschaft einer polymeren Substanz nur in erster Näherung durch die Beiträge der funktionellen Gruppen der Struktureinheit bestimmt wird. Die Zusammensetzung der Struktureinheiten zu einer Polymerkette und die Anordnung der Polymerketten im polymeren Festkörper üben einen nicht zu vernachlässigenden Einfluß auf die entsprechende molare Eigenschaft des Polymeren aus, der durch das Additionsprinzip nicht vollständig erfaßt wird. Daraus folgt, daß die Abschätzung der molaren Eigenschaften nur innerhalb gewisser Grenzen funktioniert. Trotzdem wurde bei der Berechnung vieler physikalischer und chemischer Eigenschaften eine für den praktischen Gebrauch erstaunlich große Genauigkeit erzielt.

Van Krevelen gibt in seinem Buch eine ausführliche Einführung in die Methodik der Abschätzung unbekannter Parameter von Polymeren nach dem Additionsprinzip. Es werden die grundlegenden molaren Funktionen definiert, wobei auf eine ausführliche theoretische Darstellung verzichtet wird. Neben der Definition der molaren Größen werden einige theoretische Erläuterungen gegeben, die zum Verständnis des physikalischen oder chemischen Sachverhaltes unbedingt erforderlich sind. Es folgen Tabellen, die die Beiträge der funktionellen Gruppen des Polymeren enthalten. Am Ende des betreffenden Kapitels werden einige Rechnungen am Beispiel eines speziellen Polymeren vorgeführt, deren Studium für die Erfassung der Methode von großem Nutzen ist.

Das Werk ist in sechs Teile gegliedert. Nach dem einführenden 1. Teil werden im 2. Teil thermophysikalische Eigenschaften von Polymeren behandelt. Die grundlegenden physikalischen Eigenschaften und Definitionen volumetrischer und kalorimetrischer Größen werden erläutert und die molaren Glasübergangsfunktionen definiert. Die Behandlung der thermophysikalischen Eigenschaften nimmt eine besondere Stellung ein, da die Definitionen der meisten molaren Funktionen auf ihnen beruhen. Teil 3 beschäftigt sich mit Eigenschaften von Polymeren, die unter der Wirkung von mechanischen und elektromagnetischen Feldern zustande kommen. Es werden molare Funktionen, wie z. B. der molare Kompressionsmodul, die molare Brechung, die molare dielektrische Polarisation oder die molare magnetische Suszeptibilität, beschrieben und Berechnungen nach dem Additionsprinzip durchgeführt. Den Transporteigenschaften von Polymeren ist Teil 4 gewidmet. Dazu gehören Wärmeleitfähigkeit, Viskosität von Polymerlösungen und Polymerschmelzen sowie Diffusionserscheinungen an Polymeren. Physikalische und chemische Veränderungen in Polymeren werden im Teil 5 diskutiert. In diesem Teil werden einerseits Kristallisation und Orientierung, andererseits thermochemische Eigenschaften und der Abbau von Polymeren dargestellt. Das Kapitel über Orientierung umfaßt den Einfluß der Orientierung auf die Wärmeleitfähigkeit, die Dichte, den Brechungsindex und den Elastizitätsmodul. In dem Kapitel sind Ansätze zu finden, wie die nach dem Additionsprinzip gewonnenen Ergebnisse zu korrigieren sind. Versuche einer Verallgemeinerung der erhaltenen Ergebnisse werden im 6., letzten Teil des Buches vorgenommen. Mit Hilfe einer größeren Anzahl graphischer Darstellungen werden die Wechselbeziehungen verschiedener physikalischer und chemischer Größen betrachtet.

Das Werk ist eine große Hilfe bei der Abschätzung polymerer Eigenschaften, wenn experimentelle Werte nicht vorhanden sind. Die gezeigten Methoden basieren auf partiell empirischen Formeln; ihr theoretisches Konzept hat sich aber für das Gebiet der Makromoleküle gut bewährt. Das Buch ist allen Polymerforschern, unabhängig von ihrem speziellen Arbeitsgebiet, sehr zu empfehlen.

R. Danz

Block and Graft Copolymerization. Vol. 1. Hgg. von *R. J. Ceresa.* London/New York/Sydney/Toronto: Wiley & Sons 1972. XVII, 371 S. Lwd. £ 10,—.

In den elf Jahren, die seit Herausgabe von *Ceresa* „Block and Graft Copolymers" 1962 vergangen sind, ist die Fülle der Arbeiten zu dieser Thematik so enorm angestiegen, daß es nicht nur nötig wurde, die Block- und Pfropfcopolymerisation jetzt in zwei Bänden abzuhandeln, sondern auch die einzelnen Kapitel von verschiedenen Spezialisten auf diesen Gebieten bearbeiten zu lassen. Im vorliegenden 1. Band berichten *G. F. Fanta* über Synthese, Eigenschaften und Anwendung von Stärkepfropf- und -blockcopolymeren, *R. J. Ceresa* über Synthese und Charakterisierung sowie *T. D. Pendle* über Eigenschaften und Anwendung von Block- und Pfropfcopolymeren des Naturkautschuks, *L. J. Fetters* über die Herstellung von elastomeren Blockcopolymeren durch anionische Polymerisation und *G. Holden* über deren Eigenschaften und Anwendung, *K. Arai* über Pfropfung auf Wolle und Naturseide sowie Struktur und Eigenschaften von Pfropfcopolymeren der Wolle und schließlich *W. L. Wasley* über Eigenschaften und Anwendung von Pfropfcopolymeren der Wolle.

Aus dieser Inhaltsübersicht geht deutlich hervor, daß nicht nur die Synthese, wie man nach dem geänderten Titel gegenüber dem 1962 herausgegebenen Buch schließen könnte, sondern mit gleichem Gewicht die Charakterisierung der speziellen Block- und Pfropfcopolymeren hinsichtlich ihrer Struktur und Eigenschaften sowie ihrer Anwendung beschrieben werden. Auf die Einhaltung eines einheitlichen Gliederungsprinzips für die Anordnung der Kapitel verzichtete der Herausgeber; so erscheinen die durch anionische Polymerisation synthetisierten elastomeren Blockcopolymeren doch etwas artfremd neben den Copolymeren mit natürlichem Polymerrückgrat in diesem Band.

Die Bearbeitung der Kapitel über die Herstellung bzw. Eigenschaften und Anwendung der speziellen Copolymeren durch verschiedene Autoren mit Ausnahme der Stärkecopolymeren führte natürlich zu einigen Überschneidungen. So werden beispielsweise von *Wasley* unter „Eigenschaften und Anwendung von Pfropfcopolymeren der Wolle" auch die Herstellungsmethoden, die im wesentlichen zu schrumpffreier Wolle führen, beschrieben.

Die Aktualität der Literaturzitate in den einzelnen Kapiteln ist unterschiedlich. Dieser kleine Mangel wurde vom Herausgeber durch ergänzende Literaturzusammenstellungen, die Veröffentlichungen bis 1971 berücksichtigen, am Schluß des Bandes behoben.

Da dieses Werk kein Kapitel über allgemeine Syntheseprinzipien, Charakterisierungsmöglichkeiten und Eigenschaften von Block- und Pfropfcopolymeren enthält, sondern sich ausschließlich auf spezielle Copolymere beschränkt, wird es hauptsächlich für Spezialisten von Nutzen sein. Wegen der hervorragenden Darstellung aller Seiten dieser Spezial- bzw. modifizierten Polymeren werden neben den Polymerwissenschaftlern und -technologen in gleichem Maße auch Fachleute anderer Disziplinen, besonders Textiltechniker und Textilveredler, Kolloidwissenschaftler und Biologen Nutznießer des Werkes sein.

Der zweite Band kann mit Spannung erwartet werden.

B. Sandner

Diffusion. Methoden der Messung und Auswertung: Von *W. Jost* und *K. Hauffe.* (Fortschritte der physikalischen Chemie, Bd. 1). Darmstadt: Steinkopff 1972, 2. neu bearb. u. erw. Aufl. X, 327 S. Brosch. DM 128,—.

Gegenüber der ersten Auflage wurde das Buch beträchtlich erweitert (fast doppelte Seitenzahl), wobei insbesondere Kapitel zum Verständnis der Diffusionsvorgänge in fluiden Mischungen und im Festkörper sowie zur Thermodynamik dieser Vorgänge neu aufgenommen wurden. Den größten Umfang beansprucht aber nach wie vor das erste Kapitel mit den allgemeinen Gesetzen der Diffusion in verschiedenen Systemen ohne und mit Einwirkung äußerer Kräfte (115 S.) Es folgen die Abschnitte über die Thermodynamik der Diffusionsvorgänge (21 S.), über die Grundlagen der Diffusion in fluiden Mischungen (24 S.), in Festkörpern (51 S.) und in Gasen (9 S.). Anschließend werden die experimentellen Methoden zur Untersuchung der Diffusion in Flüssigkeiten (26 S.) und festen Stoffen (24 S.) sowie in gesonderten Abschnitten die Thermodiffusion (13 S.) und die Grenzflächendiffusion (6 S.) behandelt. Den Abschluß bilden Tabellen mit Diffusionskoeffizienten in Metallen, Halbleitern (Germanium, Silicium und III-V-Verbindungen) sowie binären Verbindungen der 6. Gruppe (Oxide, Sulfide, Selenide und Telluride).

Die umfangreichen Literatursammlungen zu den einzelnen Kapiteln wurden ebenfalls überarbeitet und umfassen nun die wichtigste Literatur bis etwa 1967/1969.

Trotz der mathematischen Schwierigkeiten, die die Durcharbeitung des Buches mit sich bringt, können sowohl Verfahrenstechniker als auch Chemiker und Physiker wertvolle Anregungen und zahlreiche Antworten auf Fragen zur Theorie, Anwendung und praktischen Messung der Diffusion gewinnen. Alle, die mit diesem Gebiet in irgend einer Form zu tun haben, sollten sich dieses Buch nicht entgehen lassen.

K. J. Linow

Patentschau

Auszug aus der Lieferung 3/4/1973 der Patentschau „Faserstoffe und Textiltechnik", Ausgabe A: Faserstoffe einschl. Kunststoffe und organ. Grundsubstanzen, zusammengestellt von der Abteilung Information und Dokumentation des Instituts für Polymerenchemie der AdW der DDR, 153 Teltow-Seehof, Kantstr. 55

Die Patentschau ist nach der internationalen Patentklassifikation (IPC) gegliedert. Es bedeuten: DLP = DDR-Patent; DTP = Deutsches Bundespatent; DTA = (West)-Deutsche Auslegeschrift; DTO = (West)-Deutsche Offenlegungsschrift; OEP = Österreichisches Patent; CHP = Schweizer Patent; FRP = Französisches Patent; GBP = Britisches Patent; JAP = Japanisches Patent; POP = Polnisches Patent; SWP = Schwedisches Patent; SUP = Sowjetisches Patent; CSP = Tschechoslowakisches Patent; USP = Amerikannisches Patent; A = Anmeldedatum, O bzw. B = Tag der Ausgabe der Offenlegungs-, Auslege- bzw. Patentschrift.

Sektion B. Arbeitsverfahren

B 65. Fördern, Packen, Lagern; Handhaben dünner oder fadenförmiger Werkstoffe

B 65 h, Behandeln von dünnen oder fadenförmigem Gut, z. B. Folien, Gewebe, Kabel

SUP 351774 (Urheberschein). Vorrichtung zu axialem Abwickeln von Fadenmaterial. Erf.: *N. M. Zvetkov.* Anm.: Moskovskij Ordena Lenina aviacionnyj Institut Im. Sergo Ordžonikidze. A. 16. 12. 70, B. 21. 9. 72. Int. Kl.: B 65h 49/02. A.-Z.: 1499466/28-12.

CHP 529687. Fadenliefervorrichtung. Erf.: *Valter Slavik.* Inh.: Heberlein & Co. AG, Wattwil. A. 15. 4. 71. Int. Kl.: B 65h 51/14, D 02g 1/02. A.-Z.: 5460/71.

SUP 348470 (Urheberschein). Vorrichtung zur Faserablage in einen unbeweglichen Behälter. Erf.: *L. M. Zel'din, O. V. Ponoranev, V. L. Forer* u. *A. A. Skugina.* Anm.: Leningradskoe special'noe konstruktorsko-technologičeskoe Bjuro Mašin chimičeskich Volokon. A. 19. 1. 71, B. 23. 4. 72. Int. Kl.: B 65h54/76. A.-Z.: 1616215/28-12.

SUP 351775 (Urheberschein). Vorrichtung zur Fadenablage. Erf.: *G. M. Černienko, A. M. Kovalev, V. A. Pirogov* u. *A. A. Truchan.* Anm.: Vsesojuznyj naučno-issledovatel'skij Institut Mačin dlja Proizvodstva sintetičeskich Volokon. A. 4. 1. 71, B. 21. 9. 72. Int. Kl.: B 65h 54/30. A.-Z.: 1612697/28-12.

DTO 2103992. Wickelmaschine zum Aufwickeln von Glasfasern. Erf.: *Heinrich Schulte.* Anm.: Klöckner-Humboldt-Deutz AG, 5000 Köln (DT). A. 28. 1. 71, B. 14. 9. 72. Kl.: 32a, 37/10, 47k, 5/10, Int. Kl.: C 03b 37/10, B 65h 67/00. A.-Z.: P 2103992 (Zus. z. Anm. m. A.-Z.: P 2032225, DTO 2032225.

Sektion C Chemie und Metallurgie

CHEMIE

C 01 Anorganische Chemie

C 01b. Nicht-metallische Elemente, Metalloide und ihre Verbindungen, außer den unter C 01c aufgeführten

GBP 1293900. Verfahren zur Herstllung von Kohlenstoff-Fasern. Inh.: Kureha Kagaku Kogyo K. K. A. 15. 5. 70, B. 25. 10. 72. Kl.: C1.A, Int. Kl.: C 01b 31/07, D 01f 7/02, D 01d 5/08. A.-Z.: 23660/70. Prior.: 17. 5. 69 (JA; A.-Z.: 37725).

C 03b. Herstellung, Formgebung und Nachbehandlungsverfahren

DTO 2211150. Verfahren zur Überwachung in Wärme erweichenden Materials und Vorrichtung zur Durchführung des Verfahrens. Erf.: *Robert Grant Russell.* Anm.: Owens-Corning Fiberglas Corp., Toledo, Ohio (US). A. 8. 3. 72, B. 28. 9. 72. Kl.: 32a, 37/02, Int. Kl.: C 03b 37/02. A.-Z.: P 2211150.

USP 3687850. Isolierfaser für hohe Temperaturen. Erf.: *Lawrence Vincent Gagin.* Inh.: Johns-Manville Corp., New York, N. Y. A. 27. 3. 70, B. 29. 8. 72. Kl.: 252-72, Int. Kl.: C 03b 37/10, C 03c 3/30, 25/06. 11 Anspr. A.-Z.: 23442.

C 03c. Chemische Zusammensetzung von Gläsern, Glasuren oder Emails; Oberflächenbehandlung von Glas; Verbinden von Glas mit Glas oder anderen Stoffen

USP 3682685. Verfahren zum Behandeln von Glasfasern. Erf.: *Charles E. Rix* u. *Karol J. Mysels.* Inh.: Penick & Ford Ltd., Cedar Rapids, Iowa. A. 30. 3. 70, B. 8. 8. 72. Kl.: 117-46 CA, Int. Kl.: C 03c 25/02. 9 Anspr. A.-Z.: 23961. Entspr. DTO 2115425.

C 07 Organische Chemie

C 07c. Acyclische und carbocyclische Verbindungen

JAP 7209572. Diglykolester aromatischer Dicarbonsäuren. Erf.: *Hidehiko Kobayashi, Hiroshi Ohama* u. *Yasuhito Kodaira.* Inh.: Asahi Chemical Industry Co. Ltd. A. 7. 10. 67, B. 21. 3. 72. Int. Kl.: C 07g, B 01j, C 08g. A.-Z.: 6764335.

C 08 Makromolekulare Verbindungen; ihre Herstellung und chemische Verarbeitung; auf diesen Verbindungen beruhende Gemische

C 08b. Polysaccharide und deren Derivate

SUP 335954 (Urheberschein). Verfahren zur Aktivierung von Cellulose. Erf.: *D. P. Krimkin* u. *L. L. Lejbiskaja.* Anm.: Vsesojuznyj naučno-issledovatel'skij Institut celljulozno-bumažnoj Promyšlennosti. A. 21. 7. 69, B. 13. 9. 72. Int. Kl.: C 08b 1/00. A.-Z.: 1350653/23—4.

SUP 333842 (Urheberschein). Verfahren zur Herstellung von Celluloseäthern bzw. -estern. Erf.: *I. M. Timochin, M. L. Morgulis, Š. Z. Finkel'štejn, V. I. Isserlis, E. M. Mogilevskij* u. 5 weitere. Anm.: Moskovskij Institut neftechimičeskoj i gazovoj Promyšlennosti Im. Akad. I. M. Gubkina. A. 22. 5. 70, B. 10. 8. 72. Int. Kl.: C 08b 11/00, 13/00, 5/14. A.-Z.: 1339316/23—4.

C 08f. Polymerisationsprodukte

FRP 2118795 (B). Verfahren zur Polymerisation von Äthylen. Erf.: *Costin Nenitescu, Ciresica Huch* u. *Pham Thi Ngoc Bich.* Inh.: Centrul de Chimie Organica. A. 17. 12. 71, B. 1. 9. 72. Int. Kl.: C 08f 1/00, 3/00. A.-Z.: 7145474. Prior.: 18. 12. 70 (RU; A.-Z.: 65360).

FRP 2123577 (B). Verfahren zur Suspensionspolymerisation von äthylenischen Monomeren. Erf.: *Jacques Desilles.* Inh.: Aquitaine Total Organico. A. 31. 12. 70, B. 20. 12. 72. Int. Kl.: C 08f 1/00, 3/00, 7/00. A.-Z.: 7047502. Entspr. DTO 2165369.

FRP 2123578 (B). Verfahren zur Suspensionspolymerisation von äthylenischen Monomeren. Erf.: *Jacques Desilles.* Inh.: Aquitaine Total Organico. A. 31. 12. 70, B. 20. 10. 72. Int. Kl.: C 08f 1/00, 3/00, 7/00. A.-Z.: 7047503. Entspr. DTO 2165368.

GBP 1292853. Polymerisation von Olefinen. Inh.: Montecatini Edison S.p.A. A. 19. 11. 69, B. 18. 10. 72. Kl.: C3.P, Int. Kl.: C 08f 1/40. A.-Z.: 56641/69. Prior.: 21. 11. 68 (IT; A.-Z.: 24008). Entspr. OEP 292299 u. FRP 2023789.

GBP 1295682. Äthylenpolymerisation. Inh.: Imperial Chemical Industries Ltd. A. 19. 10. 70, B. 8. 11. 72. Kl.: C3.P, Int. Kl.: C 08f 1/42, 3/04. A.-Z.: 53263/69. Entspr. DTO 2053401.

JAP 7206404. Polymerisationskatalysatoren für α-Olefine. Erf.: *Yasuo Takami* u. *Takanori Hoshina.* Inh.: Japan, Bureau of Industrial Technology. A. 8. 7. 68, B. 23. 2. 72. Int. Kl.: C 08f, B 01j.

JAP 7208208. Polymerisation von α-Olefinen mit modifizierten Ziegler-Katalysatoren. Erf.: *Kazuyuki Watabe, Takao Sumita, Ryokichi Tarao* u. *Hiromi Azuma.* Inh.: Chisso Co. Ltd. A. 24. 5. 68, B. 9. 3. 72. Int. Kl.: C 08f, B 01j. A.-Z.: 6835158.

USP 3687910. Katalysatoren aus Übergangsmetalloxiden. Erf.: *Richard Hamilton Jones.* Inh.: E. I. du Pont de Nemours and Co., Wilmington, Del. A. 20. 3. 70, B. 29. 8. 72. Kl.: 260-80,78, Int. Kl.: C 08f 1/56, 3/06. 21 Anspr. A.-Z.: 21484. Entspr. FRP 2084812.

DTO 2110682. Verfahren zur Herstellung hochmolekularer Polyisobutylene. Erf.: *Klaus Steigerwald* u. *Hermann Gütterbock.* Anm.: Badische Anilin- & Soda-Fabrik AG, 6700 Ludwigshafen (DT). A. 5. 3. 71, B. 14. 9. 72. Kl.: 39b4, 3/14, Int. Kl.: C 08f 3/14. A.-Z.: P 2110682 (Zus. z. Anm. m. A.-Z.: P 2057953, DTO 2057953.

CHP 529797. Verfahren zur Herstellung von Äthylenpolymeren. Erf.: *Corrado Mancini* u. *Raffaele Gaspari.* Inh.: Società Italiana Resine S.p.A., Via Grazioli 33, Mailand (IT). A. 30. 11. 70. Int. Kl.: C 08f 3/04, 15/00, 19/00. A.-Z.: 17669/70. Prior.: 23. 12. 69 (IT; A.-Z.: 26201 — A/69). Entspr. DTO 2063190, FRP 2074055 u. GBP 1282237.

FRP 2124300 (B). Verfahren zur HD-Polymerisation von Olefinen in einem Rohrreaktor. Erf.: *Anacleto Clementi* u. *Roberto Battini.* Inh.: Snam Progetti S.p.A. A. 31. 1. 72, B. 27. 10. 72. Int. Kl.: C 08f 1/00, 3/00. A.-Z.: 7203050. Prior.: 3. 2. 71 (IT; A.-Z.: 20110 A/71). Entspr. DTO 2205166.

FRP 2125004 (B). Verfahren zur Herstellung eines gut verarbeitbaren Polyäthylens. Erf.: *Pier Camillo Barbe* u. *Giuliano Ballini.* Inh.: Montecatini Edison S.p.A. A. 1. 2. 72, B. 27. 10. 72. Int. Kl.: C 08f 27/00, 3/00, 47/00. A.-Z.: 7203313. Prior.: 4. 2. 71 (IT; A.-Z.: 20158 A/71). Entspr. DTO 2204637.

SUP 348004 (Urheberschein). Verfahren zur Herstellung von Polypropylen. Erf.: *Jasusuke Šuto, Micuru Učijama, Chirodzo Sugavara, Jasuchiro Jakusita, Širo Chigasimori, Micuchiro Ogawa* u. *Tosichide Nisimura* (JA). Anm.: Idemitsu Kosan Co. Ltd. (JA). A. 28. 11. 67, B. 10. 8. 72. Int. Kl.: C 08f 3/10. A.-Z.: 1199930/1299939/23—5.

USP 3678098. Ungesättigte quaternäre Monomere und Polymere. Erf.: *Sheldon N. Lewis, Richard F. Merritt* u. *William D. Emmons.* Inh.: Rohm and Haas Co., Philadelphia, Pa. A. 4. 4. 69, B. 18. 7. 72. Kl.: 260-89,5 N, Int. Kl.: C 08f 3/64, 3/66, 15/26. 9 Anspr. A.-Z.: 813724. Entsrp. DTO 2015762.

USP 3681311. Verfahren zum Abbrechen der Polymerisation von Acrylnitril-Kompositionen. Erf.: *Luigi Patron* u. *Sergio Lo Monaco.* Inh.: Monsanto Co., St. Louis, Mo. A. 7. 10. 68, B. 1. 8. 72. Kl.: 260-85,5, Int. Kl.: C 08f 3/76, 15/22. 6 Anspr. A.-Z.: 765620. Prior.: 6. 10. 67 (IT; A.-Z.: 21313/67). Entspr. DTO 1801204, CHP 499554 u. FRP 1581975.

FRP 2124299 (B). Verfahren zur Herstellung von verzweigten Copolymeren des Äthylens. Erf.: *Gianpaolo Giuliani, Sebastiano Cesca* u. *Mario Bruzzone.* Inh.: Snam Progetti S.p.A. A. 31. 1. 72, B. 27. 10. 72. Int. Kl.: C 08f 1/00, 15/00. A.-Z.: 7203049. Prior.: 3. 2. 71 (IT; A.-Z.: 20111 A/71). Entspr. DTO 2205137.

USP 3678019. Ein neues Verfahren für die Olefinpolymerisation. Erf.: *Joseph Wagensommer.* Inh.: Esso Research and Engineering Co. A. 16. 3. 70, B. 18. 7. 72. Kl.: 260-80,78, Int. Kl.: C 08f 15/40. 9 Anspr. A.-Z.: 20121. Entspr. FRP 2084624.

DTO 2105377. Modifizierte Polyolefine. Erf.: *Klaus Horacek, Gerhard Zeitler, Heinz Müller-Tamm* u. *Klaus Bronstert.* Anm.: Badische Anilin- & Soda-Fabrik AG, 6700 Ludwigshafen. A. 5. 2. 71, B. 28. 9. 72. Kl.: 39b4, 27/03, Int. Kl.: C 08f 27/03. A.-Z.: P 2105277. Entspr. FRP 2124785.

FRP 2123590 (B). Herstellung von Pfropf- oder Blockcopolymeren mit Hilfe peroxydierter Polymerer und so erhaltene Produkte. Erf.: *G. Riess* u. *F. Palacin.* Inh.: Agence Nationale de Valorisation de la Recherche. A. 14. 1. 71, B. 20. 10. 72, Int. Kl.: C 08f 27/00, 1/00, 15/00. A.-Z.: 7101099.

FRP 2125651 (B). Verfahren zur Vernetzung von Polystyrol und die dabei entstehenden Produkte. Inh.: Compagnie Francaise de Raffinage. A. 15. 2. 71, B. 3. 11. 72, Int. Kl.: C 08f 27/00, 7/00. A.-Z.: 7105040. Entspr. DTO 2206946.

USP 3681313. Verfahren zur Herstellung von Äthylen-Carbonsäure-Copolymeren. Erf.: *Harry D. Anspon, Bert H. Clampitt* u. *Ronald E. Gilbert.* Inh.: Gulf Research & Development Co., Pittsburgh, Pa. A. 27. 8. 70, B. 1. 8. 72. Kl.: 260-86,7, Int. Kl.: C 08f 27/00. 6 Anspr. A.-Z.: 67623 (Zus. z. Pat. m. A.-Z.: 694046. A. 28. 12. 67. USP 3674761.)

USP 3678136. Flammhemmende Polyolefine. Erf.: *Edwin J. Vandenberg.* Inh.: Hercules Inc., Wilmington, Del. A. 24. 6. 70, B. 18. 7. 72. Kl.: 260-897C, Int. Kl.: C 08f 29/12. 4 Anspr. A.-Z.: 49560. Entspr. CHP 525256.

CHP 529803. Verwendung von Diacylhydraziden als Stabilisatoren für Polyolefine. Erf.: *Helmut Müller, Siegfried Rosenberger* u. *Heimo Brunetti.* Inh.: Ciba-Geigy AG, Basel (CH). A. 19. 5. 70. Int. Kl.: C 08f 45/60. A.-Z.: 7371/70. Entspr. DTO 2124641 u. FRP 2091804.

GBP 1290821. Stabilisatoren gegen UV-Licht. Inh.: Koninklijke Industrieele Maatschappij Noury & van der Lande N. V. A. 8. 1. 71, B. 27. 9. 72. Kl.: C2.C, Int. Kl.: C 07c 69/76, 69/78, 69/82. A.-Z.: 1035/71. Prior.: 27. 1. 70 (NL; A.-Z.: 7001087). Entspr. DTO 2112483 u. FRP 2076998.

SUP 347336 (Urheberschein). Verfahren zum Plastifizieren von Polyvinylchlorid. Erf.: *A. I. Kucenko, R. A. Abramova, G. G. Lysenko, E. G. Maksimenko, L. I. Burinova* u. 2 weitere. A. 22. 10. 69, B. 10. 8. 72. Int. Kl.: C 08f 45/40. A.-Z.: 1371263/23—5.

USP 3681280. Verfahren zur Herstellung von pigmentierten Polyolefinfasern. Erf.: *Benito Beghelli, Francesco Vacanti* u. *Giampaolo Guerani.* Inh.: Montecatini Edison S.p.A., Mailand (IT). A. 8. 9. 70, B. 1. 8. 72 Kl.: 260-41, Int. Kl.: C 08f 45/04, 45/14. 8 Anspr. A.-Z.: 78346. Prior.: 11. 9. 69 (IT; A.-Z.: 21911/69). Entspr. DTO 2044342 u. FRP 2061145.

USP 3687892 (ausgesch. aus Pat. 3590083. A. 28. 2. 69. A.-Z.: 803456). Alkylthioalkanoylaminophenol-Antioxydantien für organische Materialien. Erf.: *Martin Dexter* u. *Martin Knell.* Inh.: Ciba-Geigy Corp. A. 20. 8. 70, B. 29. 8. 72. Kl.: 260-45,9 R, Int. Kl.: C 08f 45/60, 6 Anspr. A.-Z.: 65693. A.-Z.: 803456 entspr. FRP 2033141 u. GBP 1231168.

C 08 g Polykondensations- und Polyadditionsprodukte

USP 3687898. Verfahren zur Herstellung von wärmebeständigen Polyoxymethylenen. Erf.: *Takami Ishii, Shotaro Sugiura* u. *Naohisa Takikawa.* Inh.: Ube Industries, Ltd., Tamaguchi-ken (JA). A. 27. 5. 70, B. 29. 8. 72. Kl.: 260-67 FP, Int. Kl.: C 08g 1/24, 1/26. 3 Anspr. A.-Z.: 40907. Prior.: 4. 6. 69 (NL; A.-Z.: 6908497). Entspr. DTO 2027563 u. FRP 2045844.

USP 3687899. Verfahren zum Polymerisieren von gasförmigem Formaldehyd. Erf.: *Jacob Ackermann, Franco Ferre* u. *Tetaz Felice.* Inh.: Societa Italiana Resine S.p.A. A. 20. 4. 71, B. 29. 8. 72. Kl.: 260-67 FP, Int. Kl.: C 08g 1/02. 11 Anspr. A.-Z.: 135748 (Zus. z. Pat. m. A.-Z.: 723471. A. 23. 4. 68). Prior.: 29. 4. 67 (IT; A.-Z.: 15533 A/67). Entspr. DTO 1770281 u. FRP 1546156.

DTO 2115072. Herstellung von Mischpolyestern auf Caprolacton-Basis. Erf.: *Christian Burba* u. *Eugen Griebsch.* Anm.: Schering AG, 1000 Berlin und 4619 Bergkamen. A. 29. 3. 71, B. 5. 10. 72. Kl.: 39b5, 17/017, Int. Kl.: C 08g 17/017. A.-Z.: P 2115072.

SUP 352912 (Urheberschein). Verfahren zur Herstellung von modifiziertem Polyäthylenterephthalat. Erf.: *A. I. Vološin, D. V. Lopatik, N. P. Emel'janov, E. M. Ajzenštejn, L. P. Repina* u. 2 weitere. Anm.: Institut fizuko-organičeskoj Chimii AN Belorusskoj SSR. A. 18. 1. 71, B. 29. 9. 72. Int. Kl.: C 08g 17/14. A.-Z.: 1611747/23–5.

JAP 7208225. Polyester mit hohem Weißgrad. Erf.: *Yoshio Itabashi* u. *Kiyoshi Nakayama*. Inh.: Kanegafuchi Spinning Co. Ltd. A. 17. 5. 68, B. 9. 3. 72. Int. Kl.: C 08g, B 01j. A.-Z.: 6833259.

FRP 2123565 (B). Neue Polyamide. Erf.: *Jacques Plateau* u. *Guy Brouillet*. Inh.: Aquitaine Total Organico. A. 9. 7. 70, B. 20. 10. 72. Int. Kl.: C 08g 20/00. A.-Z.: 7025505. Entspr. DTO 2133648.

JAP 7208235. Stickstoffhaltige Polymere. Erf.: *Shinichi Ishida, Noboru Oshima, Hiromichi Fukuda* u. *Takeshi Sato*. Inh.: Asahi Chemical Industry Co. Ltd. A. 30. 8. 68, B. 9. 3. 72. Int. Kl.: C 08g. A.-Z.: 6861730.

USP 3681293. Kontinuierliche Polymerisation von 2-Pyrrolidon mit Kohlendioxid als Aktivator. Erf.: *Peter A. Jarovitzky* u. *Frederick L. Maynor*. Inh.: Radiation Research Corp., Stamford, Conn. A. 3. 9. 70, B. 1. 8. 72. Kl.: 260-78 P, Int. Kl.: C 08g 20/18. 7 Anspr. A.-Z.: 69330.

USP 3681364 (ausgesch. aus Pat. 3584047. A. 29. 12. 70. A.-Z.: 694370). Alkylhydroxyphenylpolyamide. Erf.: *Martin Dexter, John Demon Spivack* u. *David Herbert Steinberg*. Inh.: Ciba-Geigy Corp., Ardsley, N. Y. A. 5. 6. 70, B. 1. 8. 72. Kl.: 260-293,64, Int. Kl.: C 07d 29/30. 2 Anspr. A.-Z.: 57398. A.-Z.: 694370 entspr. OEP 286650, FRP 1601900 u. GBP 1251840.

POP 66851. Verfahren zur Herstellung von Polyurethanelastomeren. Erf.: *Stefan Fulde, Wieslaw Olczyk* u. *Wladyslaw Skwarcz*. Inh.: Instytut Przemyslu Organicznego, Warschau (PO). A. 25. 6. 68, B. 31. 8. 72. Kl.: 39b5, 22/04, Int. Kl.: C 08g 22/04. A.-Z.: 127726.

SUP 350262 (Urheberschein). Verfahren zur Herstellung von Polyurethanlösungen. Erf.: *Timoti Viktor Piters* (US). A. 14. 2. 64, B. 4. 9. 72. Int. Kl.: C 08g 22/04. A.-Z.: 1182351/23–5.

GBP 1294656. Fluorierte Polymere. Inh.: Secretary of State for Defence. A. 31. 10. 68, B. 1. 11. 72. Kl.: C3.R, Int. Kl.: C 08g 23/00. A.-Z.: 51559/68 (verw. Anm. m. A.-Z.: 12685. A. 11. 3. 69). Entspr. DTO 1954999 u. FRP 2022038.

JAP 7208234. Wärmebeständige Polyimidazochinazolone. Erf.: *Yu Kurihara* u. *Naoya Yoda*. Inh.: Toray Industries, Inc. A. 18. 5. 68, B. 9. 3. 72. Int. Kl.: C 08g. A.-Z.: 6833199.

JAP 7211404. Redox-Polymerisationskatalysatoren. Erf.: *Hidetoshi Tsuchida* u. *Yoshimi Kurimura*. Inh.: Research Inst. for Production Development. A. 17. 2. 67, B. 10. 4. 70. Int. Kl.: C 08g, B 01j. A.-Z.: 6710195.

SUP 351870 (Urheberschein). Verfahren zur Herstellung von fettaromatischen Polyaminen. Erf.: *B. I. Tichomirov, Ju. N. Poljakov* u. *A. I. Jakubčik*. Anm.: Leningradskij Ordena Lenina i Ordena Trudovogo Krasnogo Znameni gosudarstvennyj Universitet Im. A. A. Ždanova. A. 28. 7. 69, B. 21. 9. 72. Int. Kl.: C 08g 33/06. A.-Z.: 1352421/23–5.

DTO 2112987. Flammwidriges Polycarbonat. Erf.: *August Böckmann, Hans Rudolph* u. *Werner Nouvertne*. Anm.: Farbenfabriken Bayer AG, 5090 Leverkusen (DT). A. 17. 3. 71, B. 21. 9. 72. Kl.: 39b5, 39/00, Int. Kl.: C 08g 39/00. A.-Z.: P 2112987 (Zus. z. Anm. m. A.-Z.: P 2049358, DTO 2049358. Entspr. FRP 2110312.

JAP 7129026. Stabile Polyurethanlösung. Erf.: *Takanobu Imata* u. *Yusuke Ito*. Inh.: Kuraray Co. Ltd. A. 11. 5. 65, B. 23. 8. 71. Int. Kl.: C 08g, j. A.-Z.: 6761347.

SUP 352917 (Urheberschein). Verfahren zur Herstellung von stabilisierten Polyamiden. Erf.: *L. N. Smirnov, V. M. Charitonov, G. P. Smirnova, E. V. Merkur'eva, R. P. Smirnov* u. 2 weitere. A. 8. 1. 71, B. 29. 9. 72. Int. Kl.: C 08g 51/62. A.-Z.: 1609774/23–5.

C 08k. Zusatzstoffe für allgemeine Anwendung

JAP 7143301. Kompositionen aus Metallchelatpolymeren und organischen Polymeren. Erf.: *Reizo Yamadera, Hideo Miyaka, Ken Murayama* u. *Nobuhiko Fukui*. Inh.: Toyo Spinning Co. Ltd. A. 29. 1. 69, B. 22. 12. 71. Int. Kl.: C 08k, f, g. A.-Z.: 696558.

USP 3678071. N-Halogenimide von polyhalogensubstituierten Polyhydrocyclischen Dicarbonsäuren. Erf.: *Irving Touval* u. *Elmar R. Altwicker*. Inh.: Universal Oil Products Co., Des Plaines, Ill. A. 28. 5. 69, B. 18. 7. 72. Kl.: 260-326C, Int. Kl.: C 07d 27/52, 27/28. 6 Anspr. A.-Z.: 828721.

Sektion D Textilien und Papier

TEXTILIEN

D 01 Natürliche oder künstliche Fäden oder Fasern; Spinnen

D 01b. Mechanische Behandlung von natürlichen faserigen oder fadenförmigen Stoffen zur Gewinnung von Fasern oder Fäden, z. B. zum Verspinnen

POP 66123. Anlage zur Veredlung von ungerösteter Leinen- und Hanffaser nach Dekortikation oder nach chemischer Behandlung. Erf.: *Zbigniew Karasiński*. Inh.: Instytut Przemyslu Wlókien Lykowych, Poznan (PO). A. 8. 7. 70, B. 30. 6. 72. Kl.: 29a, 2/03, Int. Kl.: D 01b 1/14. A.-Z.: 141900.

SUP 351937 (Urheberschein). Arbeitswalze einer Walzenegreniermaschine. Erf.: *I. K. Chafizov, G. D. Kušnarenko, S. N. Nusratov, A. I. Leont'ev, P. A. Savin* u. 1 weiterer. Anm.: Central'nyj naučnoissledovatel'skij Institut chlopkoočistitel'noj Promyšlennosti. A. 21. 10. 70, B. 21. 9. 72. Int. Kl.: D 01b 1/06. A.-Z.: 1485878/28–12. Vgl. auch SUP 351938.

SUP 352972 (Urheberschein). Vorrichtung zur Zuführung von Kokons in die Wägeschalen von Variationswaagen (Karusselltyp). Erf.: *A. Mirzachodžaev* u. *R. I. Muchamedžanov*. Anm.: Ordena Trudovogo Krasnogo Znameni Institut Kibernetiki s vyčislitel'nym Centrom AN Uzbekskoj SSR. A. 17. 2. 71, B. 29. 9. 72. Int. Kl.: D 01b 7/02. A.-Z.: 1622862/30–15.

D 01d. Mechanische Verfahren und Vorrichtungen für die Herstellung von künstlichen Fäden, Gespinsten, Fasern, Borsten oder Bändern

GBP 1290794. Apparat zum Mischen und Homogenisieren oder Abtrennen von viskosen Flüssigkeiten. Inh.: Akzo N. V. A. 13. 11. 70, B. 27. 9. 72. Kl.: B1.C, Int. Kl.: B 01f 5/00, D 01d 3/00, B 01j 1/00. A.-Z.: 54191/70. Prior.: 14. 11. 69 (NL; A.-Z.: 6917131). Entspr. DTO 2052664 u. FRP 2073356.

JAP 7202042. Schmelzspinndüse. Erf.: *Takeshi Inoue*. Inh.: Kuraray Co. Ltd. A. 31. 3. 67, B. 20. 1. 72. Int. Kl.: D 01d. A.-Z.: 6720365.

SUP 351939 (Urheberschein). Vorrichtung zur Erspinnung von Fasern. Erf.: *P. M. Aširov*, u. *B. I. Jubovič*. Anm.: Proektno-konstruktorskoe i technologičeskoe Bjuro Ministerstva legkoj Promyšlennosti Tadžikskoj SSR. A. 9. 10. 70, B. 21. 9. 72. Int. Kl.: D 01d 3/00. A.-Z.: 1482760/23–5.

GBP 1290911. Polyamide und daraus hergestellte Fäden. Inh.: Imperial Chemical Industries Ltd. A. 2. 1. 69, B. 27. 9. 72. Kl.: C3.R, Int. Kl.: C 08g 20/02, D 01d 5/22, 5/28. A.-Z.: 245/69. Entspr. DTO 1965676 u. FRP 2027673.

JAP 7128970. Gekräuselte Poly-ε-caproamid-Garne. Erf.: *Terumichi Ono, Tsuneo Haka, Yasuo Takaki* u. *Tomio Higuchi*. Inh.: Toray Industries, Inc. A. 30. 6. 67, B. 23. 8. 71. Int. Kl.: D 01f. A.-Z.: 6741750. Entspr. DTO 1660665, FRP 1547004, GBP 1210927 u. USP 3600271.

JAP 7142049. Polyäthylen-1,2-diphenoxyäthan-p,p'-dicarboxylat-Faserstoff. Erf.: *Hidehiko Kobayashi, Masatsugu Yoshino* u. *Kazuya Nemoto*. Inh.: Asahi Chemical Industry Co. Ltd. A. 12. 4. 68, B. 13. 12. 71. Int. Kl.: D 01f, d. A.-Z.: 6824190.

JAP 7202045. Schmelzspinnen von Polyamid. Erf.: *Kazuo Shirono, Miki Kudo* u. *Shizuo Shibata*. Inh.: Asahi Chemical Industry Co. Ltd. A. 21. 6. 67, B. 20. 1. 72. Int. Kl.: D 01d. A.-Z.: 6739323.

SWP 349336. Spinndüse zum Schmelzspinnen von Thermoplasten. Erf.: *R. R. Buntin, J. W. Harding, J. P. Keller* u. *V. L. Murdock*. Inh.: Esso Research and Engineering Co., Linden, N. J. (US). A. 19. 8. 71, B. 25. 9. 72. Int. Kl.: D 01d 5/14. A.-Z.: 10560/71.

SUP 347372 (Urheberschein). Maschine für kontinuierliches Erspinnen und Behandeln von Fäden. Erf.: *B. K. Ežov, V. A. Gol'din, V. P. Junickij, A. I. Maltabar, V. Ja. Strel'ces* u. 3 weitere. Anm.: Leningradskoe special'noe konstruktorsko-technologičeskoe Bjuro Mašin chimičeskich Volokon. A. 25. 3. 70, B. 10. 8. 72. Int. Kl.: D 01d 5/06. A.-Z.: 1419099/28–12.

D 01f. Chemische Gesichtspunkte bei der Herstellung von künstlichen Fäden, Gespinsten, Fasern, Borsten oder Bändern

DTO 2109030. Antistatikum. Erf.: *Amnon Birenzvige*. Anm.: Allied Chemical Corp., New York, N. Y. (US). A. 25. 2. 71, B. 14. 9. 72. Kl.: 29b, 3/60, Int. Kl.: D 01f 7/04.

JAP 7133131. Antistatische und wasserabsorbierende Polyamidfaserstoffe. Erf.: *Tetsuya Kato* u. *Chikatsu Okagawa*. Inh.: Toray Industries, Inc. A. 18. 11. 68, B. 28. 9. 71. Int. Kl.: D 01f, C 08g, C 09k. A.-Z.: 6883734.

DTO 2114997. Herstellung von Fäden und Fasern aus regenerierter Cellulose. Erf.: *Siegfried Hahn, Hans-Wilfried Keiler, Rudolf Schiele, Hermann Schmidt, Rainer Thomas* u. *Paul Weber*. Anm.: Schiele, Rudolf, 5200 Siegburg (DT). A. 27. 3. 71, B. 5. 10. 72. Kl.: 29b, 3/20, Int. Kl.: D 01f 3/12. A.-Z.: P 2114997 (Zus. z. Anm. m. A.-Z.: P 2034015, DTO 2034015). Vgl. auch DTO 2050138.

JAP 7128971. Faserstoffe mit guter Anfärbbarkeit. Erf.: *Nobuya Ito, Masayuki Togo, Kun Masuta* u. *Miyoshi Okamoto*. Inh.: Toray Industries, Inc. A. 29. 9. 67, B. 23. 8. 71. Int. Kl.: D 01f. A.-Z.: 6762287.

JAP 7132450. Antistatische Polyamidfaserstoffe. Erf.: *Tetsunosuke Kunitomi, Seisaku Sasaki, Minoru Nishio, Hiroshi Murata* u. *Yukizo Katsuta*. Inh.: Toray Industries, Inc. A. 7. 1. 67, B. 22. 9. 71. Int. Kl.: D 01f, C 08g, f, k. A.-Z.: 671230. Entspr. FRP 1544032, GBP 1183086 u. USP 3553286.

JAP 7134928. Polyamidverbundfäden. Erf.: *Taksuke Sasaki, Yuzo Aido, Kiyoshi Nawata* u. *Shigeru Sasama*. Inh.: Teijin Ltd. A. 31. 8. 68, B. 13. 10. 71. Int. Kl.: D 01f, C 08g. A.-Z.: 6862588.

JAP 7134938. Seidenähnliche Acrylfaserstoffe. Erf.: *Seishun Yoshita, Hiroaki Kaneko* u. *Toru Eto*. Inh.: Toho Rayon Co. Ltd. A. 2. 12. 68, B. 13. 10. 71. Int. Kl.: D 01f. A.-Z.: 6888270.

JAP 7142048. Poly(äthylen-1,2-diphenoxyäthan-p,p'-dicarboxylat)-Faserstoff. Erf.: *Hidehiko Kobayashi, Masatsugu Yoshino* u. *Kazuya Nemoto*. Inh.: Asahi Chemical Industry Co. Ltd. A. 9. 4. 68, B. 13. 12. 71. Int. Kl.: D 01d, f. A.-Z.: 6823061. Entspr. DTO 1918057, FRP 2009817 u. GBP 1231337.

DO 2 Garne; mechanische Veredlung von Garnen oder Seilen; Schären oder Bäumen

D 02g. Kräuseln oder Krimpfen (Texturieren) von Fasern, Zwirnen oder Garnen; Garne oder Zwirne

GBP 1292429. Vorrichtung zum Stauchkammer-Kräuseln von synthetischen Garnen. Inh.: Akzo N. V. A. 19. 4. 71, B. 11. 10. 72. Kl.: D1.F, Int. Kl.: D 02g 1/12. A.-Z.: 25654/71. Prior.: 1. 4. 70 (NL; A.-Z.: 7004580). Entspr. DTO 2115688.

GBP 1292055. Neue Textilgarne. Inh.: Courtaulds Ltd. A. 11. 3. 69, B. 11. 10. 72. Kl.: D1.W, Int. Kl.: D 02g 3/04, 3/18, 3/36, 3/38, 3/24. A.-Z.: 12625/69. Entspr. FRP 2037944.

D 02j. Veredeln oder Ausrüsten von Fäden, Garnen, Zwirnen, Schnüren, Seilen od. dgl.

USP 3681910. Zusammengesetztes Garnprodukt. Erf.: *Cecil Reese Everett*. Inh.: E. I. du Pont de Nemours and Co., Wilmington, Del. A. 31. 3. 71, B. 8. 8. 72. Kl.: 75-140 BY, Int. Kl.: D 02g 3/04. 4 Anspr. A.-Z.: 129818.

JAP 7134930. Recken von Polyesterfaserstoffen. Erf.: *Hisao Horiki*. Inh.: Teijin Ltd. A. 2. 7. 68, B. 13. 10. 71. Int. Kl.: D 01d. A.-Z.: 6846044.

DTO 2103962. Vorrichtung zum Erhitzen thermoplastischer Fäden. Erf.: *Heinz Schippers, Karl Bauer, Erich Lenk* u. *Wolfgang Hartig*. Anm.: Barmag Barmer Maschinenfabrik AG, 5600 Wuppertal (DT). A. 28. 1. 71, B. 14. 9. 72. Kl.: 29a, 6/20, Int. Kl.: D 02j 13/00, D 02g 1/02, D 01d 13/02. A.-Z.: P 2103962. Entspr. CHP 528613 u. FRP 2124873.

PAPIER

D 21 Papierherstellung; Gewinnung von Cellulose bzw. Zellstoff

D 21c. Gewinnung von Cellulose durch Abscheiden nichtcelluloseartiger Substanzen von cellulosehaltigen Stoffen; Wiedergewinnung der Zellstoffablaugen; Vorrichtungen dafür

CHP 529883. Verfahren zur chemobiologischen Herstellung von Zellstoff aus annuellen Pflanzen und aus ihren Abfällen. Erf.: *György Rozsa, Istvan Simon* u. *Istvan Schlanger*. Inh.: „Licencia" Talalmanyokat Ertékesitö Wallalat, Joszef nador tér 10, Budapest (HU). A. 6. 2. 70. Int. Kl.: D 21c 3/00. A.-Z.: 1735/70. Prior.: 9. 7. 69 (HU; A.-Z.: RO 526).

GBP 1294073. Behandlung von Lignocellulosematerial. Inh.: Owens-Illinois Inc. A. 2. 1. 70, B. 25. 10. 72. Kl.: D2.W, Int. Kl.: D 21c 3/20. A.-Z.: 248/70.

SWP 351451. Verfahren zur Herstellung von Lignocellulosemasse. Erf.: O'Connor, J. J. Inh.: Kimberly-Clark Corp., Neenah, Wis. (US). A. 1. 7. 70, B. 27. 11. 72. Int. Kl.: D 21c 3/00. A.-Z.: 2214/72.

USP 3687803. Säurechloridaktivatoren für das Bleichen mit Wasserstoffperoxid. Erf.: *Martin Grayson*. Inh.: American Cyanamid Co., Stamford, Conn. A. 9. 11. 70, B. 29. 8. 72. Kl.: 162-74, Int. Kl.: D 21c 3/20. 12 Anspr. A.-Z.: 88242.

Sektion G Physik

G 01 Messen; Prüfen

G 01n. Untersuchen der chemischen oder physikalischen Eigenschaften von Stoffen

POP 66227. Verfahren zur Untersuchung der Festigkeit der Faserbündelbindungen in Geweben mit geringer Faserdichte. Erf.: *Mirosława Stasiak* u. *Barbara Zielińska*. Inh.: Instytut Włókiennictwa, Lodz (PO). A. 2. 7. 70, B. 30. 6. 72. Kl.: 42k, 50, Int. Kl.: G 01n 3/56. A.-Z.: 141795.

SUP 349924 (Urheberschein). Prüfvorrichtung für temperaturempfindliche Polymerstoffe. Erf.: *N. A. Apollonov, G. V. Kirvalidze* u. *V. I. Lažincev*. Anm.: Krasnojarskij proektnyj i naučno-issledovatel'skij Institut promyšlennogo Stroitel'stva. A. 10. 2. 70, B. 4. 9. 72. Int. Kl.: G 01n 3/18. A.-Z.: 1401757/23–5.

SUP 353175 (Urheberschein). Vorrichtung zur Prüfung von Cord- und Gummifäden auf Ermüdung. Erf.: *V. A. Pugin, E. Ja. Levkovskaja* u. *Z. P. Bespalova*. A. 29. 12. 69, B. 29. 9. 72. Int. Kl.: G 01n 3/32. A.-Z.: 1391052/23–5.

SUP 353179 (Urheberschein). Vorrichtung zur Bestimmung der relativen Molekülmasse. Erf.: *Ju. Ja. Maksimov* u. *V. E. Drejzin*. A. 10. 8. 70, B. 29. 9. 72, Int. Kl.: G 01n 11/14. A.-Z.: 1471140/26–25.

POP 67481 (Zus. z. Pat. 63914). Gerät zur Bestimmung der Wickelfestigkeit von Garn auf Kettbäumen. Erf.: *Andrzej Kaczmarek, Paweł Suski, Witold Grabowski* u. *Jerzy Wróbel*. Inh.: Łódzkie Zakłady Prototypów Maszyn i Urzadzeń Przemysłu Lekkiego „Protomet", Łódź (PO). A. 7. 8. 70, B. 31. 10. 72. Kl.: 42k, 50, Int. Kl.: G 01n 33/36. A.-Z.: 142565.

Literaturschau

Auszug aus Lieferung 9 und 10/1973 der Literaturschau „Faserstoffe und Textiltechnik", zusammengestellt von der Abteilung Information und Dokumentation des Instituts für Polymerenchemie der AdW der DDR, 153 Teltow-Seehof, Kantstr. 55

I. Wissenschaftliche Grundlagen

Hardy, Gy., Kovács, G., Cser, F., Koszterszitz, Gy.: Untersuchungen auf dem Gebiet der Festkörperpolymerisation. XXIX. Untersuchung der durch Jod initiierten Festkörperoligomerisation von Acenaphthylen. Struktur des Monomeren und der Oligomeren. Acta chim. Acad Sci. hung. **75** (1973) 3, S. 303–314.

Allgemeines

(Untersuchungsmethoden u. a.)

Ackermann, L., McGill, W. J.: Einzelpunkt-Bestimmung der Grenzviskosität. J. Polymer Sci.: Polymer Chem. **10** (1972) 12, S. 3689–3690.

Kembłowski, Z., Duda, J.: Mathematische Modelle der Viskosität für allgemeine Newton'sche Flüssigkeiten. Zesz. nauk Politechn. Łódźkiej (Wiss. H. Techn. Hochsch. Łódź) (1972) 155, Chemia (Chemie) 26, S. 35–51.

Várkonyi, B., Patzkó, A., Szántó, F.: Abhängigkeit des Sedimentvolumens von der Teilchengröße in organischen Flüssigkeiten. Kolloid-Z. u. Z. Polymere **250** (1972) 10, S. 973–976.

Ishida, Y., Kawai, K., Ueda, S., Takeda, T.: Gelchromatographische Schnellanalyse. Kobunshi Kagaku, Tokyo (Chem. High Polymers) **30** (1973) 333(1), S. 34–38. (jap.; engl. Zusammenfass.).

Physik und Chemie der Hochpolymeren

Tarasova, G. I., Pavlova, S. A., Koršak, V. V.: Viskosimetrische Parameter von aliphatischen Polyestern. Vysokomol. Soed. (Hochmol. Verbind.) Serie B: Kratkie Soobšč. **15** (1973) 3, S. 219–222.

Decroix, J.-Y., Lissac, P., May, J.-F., Vallet, G.: Viskoelastische Eigenschaften von einigen Olefinen. Einfluß der Anzahl und Länge von Seitenketten auf die β-Relaxation. European Polymer J. **9** (1973) 2, S. 137–152. (franz.).

Eagland, D., Kay, M.: Die rheologischen Eigenschaften von konzentrierten Polymerdispersionen. I. Einfluß der Konzentration, Teilchengröße und Größenordnung auf die Scherungsabhängigkeit der Viskosität. J. colloid interface Sci. **34** (1970) 2, S. 249–261.

Gol'dberg, V. M., Ėl'darov, Ė. G., Akutin, M. S., Toptygin, D. Ja.: Veränderung der relativen Molekülmasse und der Verteilung der relativen Molekülmassen während der Extrusion von Polyäthylen. Dokl. Akad. Nauk SSSR (Ber. Akad. Wiss. UdSSR) **209** (1973) 2, S. 411–414.

Flowers, W. T., Haszeldine, R. N., Henderson, E., Lee, A. K., Sedgwick, R. D.: Anwendung der Massenspektrometrie zur Untersuchung von Fluorpolymeren. II. Das Copolymere von Trifluornitrosomethan (CF_3NO) und Tetrafluoräthylen (C_2F_4). J. Polymer Sci.: Polymer Chem. **10** (1972) 12, S. 3489–3496.

Aslaksen, E. W.: Theorie der spontanen Polarisation und des pyroelektrischen Koeffizienten von linearen Kettenpolymeren. J. chem. Physics **57** (1972) 6, S. 2358–2363.

Cassidy, H. G.: Elektronenübertragungspolymere (Oxydations-Reduktions-Polymere). J. Polymer Sci., D: Macromol. Rev. **6** (1971) S. 1–58.

Silbey, R., Deutsch, J. M.: Quasielastische Lichtstreuung an großen Makromolekülen. J. chem. Physics **57** (1972) 11 (Teil 2), S. 5010–5011.

van Antwerpen, F., van Krevelen, D. W.: Lichtstreuverfahren zur Untersuchung der Kristallisationskinetik von Sphärolithen. J. Polymer Sci. Polymer Physics **10** (1972) 12, S. 2409–2421.

Balcerzyk, E.: Elektronenmikroskopische Untersuchungen von Fasern nach dem Verfahren der Ultramikrotomie. I. Präparatik. Przegl. włókienn. (Textil-Rdsch.) **26** (1972) 10, S. 552–556.

Naumenko, A. S.: Verbesserung der Ätzmethode von Polymeren. Mech Polimerov, Riga (Mech. der Polymeren) (1973) 1, S. 181.

Bolton, Philip H., Kenner, Rex D., Khan, Ahsan U.: Durch molekularen Sauerstoff verstärkte Fluoreszenz von organischen Molekülen in Polymermatrizen. Energiekorrelation zwischen angeregten Elektronenzuständen von molekularem Sauerstoff und fluoreszieerenden Molekülen. J. chem. Physics **57** (1972) 12, (Teil 12), S. 5604–5605.

Pethrick, R. A., Wilson, A. D.: Adiabatische Kompressibilität von Polymerlösungen. II. Polystyrol in Toluol. European Polymer J. **9** (1973) 2, S. 169–175.

Kayes, J. B.: Mikroelektrophoretische Untersuchungen an Polystyrollatices in Gegenwart von Polyoxyäthylenglykoläthern von n-Alkanolen. Kolloid-Z. u. Z. Polymere **250** (1972) 10, S. 939–944. (engl.).

Wilkes, G. L.: Einheitlich hoch entwickelte übermolekulare Struktur in Filmen von Poly-γ benzylglutamat beim Gießen im magnetischen Feld. J. Polymer Sci.: Polymer Letters **10** (1972) 12, S. 935–940.

Kurilenko, A. I., Krul', L. P., Gerasimov, V. I., Bakeev, N. F.: Heterogene Struktur und thermomechanische Eigenschaften von orientiertem Polyäthylen mit aufgepfropftem Polyacrylnitril. Dokl. Akad. Nauk SSSR (Ber. Akad. Wiss. UdSSR) **209** (1973) 1, S. 144–146.

Volkov, Ju. A., Usenko, V. A.: Einfluß der Drehung von Polypropylenfäden auf die Orientierung der übermolekularen Strukturen und die mechanischen Eigenschaften bei der Herstellung von Texturfäden. Izv. vysšich uč. Zav. Technol. tekstil. Prom. (Hochschulnachr. Technol. Textil-Ind.) (1972) 6, S. 24–26.

Petermann, J., Gleiter, H.: Struktur der aus Polyäthyleneinkristallen gezogenen Fasern. J. Polymer Sci.: Polymer Physics **10** (1972) 12, S. 2333–2342.

Robertson, R. E.: Ein Modell für die Sphärolith-Fibrillen-Umwandlung. J. Polymer Sci.: Polymer Physics **10** (1972) 12, S. 2437–2452.

Nomura, Sh., Matsuo, M., Kawai, H.: Kristallorientierung in einem semikristallinen Polymeren in Beziehung zur Deformation von Polymersphärolithen. II. Orientierungsverteilungsfunktion der Kristallite innerhalb der Kristallamellen als Funktion der Lamellenorientierung. J. Polymer Sci.: Polymer Physics **10** (1972) 12, S. 2489–2504.

Gasparjan, K. A., Bereznjak, I. V., Baranov, V. G., Mirzoev, R. G. Frenkel, S. Ja.: Bildung der übermolekularen Struktur bei der Extrusion von ND-Polyäthylenfolien. Mech. Polimerov, Riga (Mech. der Polymeren) (1973) 1, S. 178.

Cryer, N. B., Zajícová, V.: Untersuchung des Einflusses der Konzentration auf die Zeit bis zum ersten Auftreten der Kristallisation von Polyäthylen auf Xylol. J. Polymer Sci.: Polymer Physics **10** (1972) 12, S. 2355 bis 2361.

Streleckij, A. N., Butjagin, P. Ju.: Über die Natur der bei Verformung, Zerstörung und Abrieb von Polymeren auftretenden Lumineszenz. Vysokomol. Soed. (Hochmol. Verbind.) Serie A **15** (1973) 3, S. 654–660.

Imada, K., Takayanagi, M.: Plastische Deformation von Polyäthylen hoher Dichte beim Extrudieren im festen Zustand. Internat. J. polymeric Materials **2** (1973) 2, S. 89–104.

Pokrovskij, V. N., Kručinin, N. P., Danilin, G. A., Serkov, A. T.: Über das Verhältnis der Schub- und Längsviskositätskoeffizienten bei konzentrierten Polymerlösungen. Mech. Polimerov, Riga (Mech. der Polymeren) (1973) 1, S. 124–131.

McBrierty, V. J.: Allgemeine Beschreibung der mechanischen Anisotropie bei gereckten Polymeren durch sphräische Tensoren. J. chem. Physics **57** (1972) 8, Teil 1, S. 3287–3295.

McBrierty, Vincent J.: Elastizität von Polymeren. II. Die Richtungsabhängigkeit der Nachgiebigkeitskonstanten bei ein- und zweiachsig gereckten Polymeren. J. chem. Physics **57** (1972) 8, Teil 1, S. 3295 bis 3297.

Kac, M. S., Regel', V. R., Sanfirova, T. P., Slucker, A. I.: Kinetische Natur der Mikrohärte von Polymeren. Mech. Polimerov, Riga (Mech. der Polymeren) (1973) 1, S. 22–28.

Ito, K.: Einfluß der ausgeschlossenen Volumens auf die spezifische Geschwindigkeit von Kombinationsreaktionen zwischen Polymerradikalen. J. Polymer Sci.: Polymer Chem. **10** (1972) 11, S. 3159–3164.

Rogozinski, M., Kramer, M.: Bestimmung des Gelgehalts von Vinylchloridpolymeren und -copolymeren. J. Polymer Sci.: Polymer Chem. **10** (1972) 10, S. 3111–3112.

Philipp, B., Stöhr, W.: Untersuchungen zur Vernetzung der Cellulose bei thermischer Schädigung mit Hilfe der konduktometrischen Partikelzählung. Faserforsch. u. Textiltechnik **24** (1973) 4, S. 143–146.

Schröder, E.: Relationen zwischen Kettenverzweigung und Polymereigenschaften. Plaste u. Kautschuk **20** (1973) 4, S. 241–249.

Usov, A. I., Kuznecova, Z. I., Archipova, V. S.: Substituentenverteilung in Sulfopropylcellulose. Vysokomol. Soed. (Hochmol. Verbind.) Serie B: Kratkie Soobšč. **15** (1973) 3, S. 147–150.

Lautenschlaeger, F., Zeeman, P.: Reaktion von Propylensulfid mit stickstoffhaltigen Polymeren. J. Polymer Sci.: Polymer Chem. **10** (1972) 12, S. 3519–3528.

van Emmerik, P. T., Smolders, C. A.: Phasentrennung bei Polymerlösungen. Die Berechnung der Trübungskurve mit einem konzentrations- und temperaturabhängigen Korrekturparameter für die freie Energie. European Polymer J. **9** (1973) 2, S. 157–167.

Poljakova, Ė. N., Žerdev, Ju. V., Korolev, A. Ja.: Thermischer Abbau von Polymeren mit nachfolgender Pyrolyse flüchtiger Bestandteile. Plast. Massy, Moskva (Plast. Massen) (1973) 2, S. 71–72.
Siow, K. S., Patterson, D.: Oberflächenthermodynamik von Polymerlösungen. J. physic. Chem. **77** (1973) 3, S. 356–365.
Popa, M., Vasile, C., Schneider, I. A.: Thermooxydativer Abbau von Polyvinylalkohol. I. Einfluß der Erhitzungsgeschwindigkeit und der relativen Molekülmasse. J. Polymer Sci.: Polymer Chem. **10** (1972) 12, S. 3679 bis 3684.
Valenti, B., B. E., Greppi, G., Tealdi, A., Ciferri, A.: Volumeneigenschaften von Systemen aus synthetischen Polymeren und anorganischen Salzen. Schmelzverhalten von mit Salzen versetztem Polycaproamid. J. physic. Chem. **77** (1973) 3, S. 389–395.
Ėjdel'nant, M. P., Duntov, F. I., Krundel', V. Ch., Sažin, B. I.: Elektrische Eigenschaften von Äthylen-Vinylacetat-Copolymeren. Vysokomol. Soed. (Hochmol. Verbind.) Serie A 15 (1973) 3, S. 533–540.
Sakaguchi, Y., Hamada, T., Tamaki, K., Nishino, J.: Einfluß der Art der Base auf die Verseifungsgeschwindigkeit von Polymethylacrylat. Kobunshi Kagaku, Tokyo (Chem. High Polymers) **30** (1973) 333(1), S. 18–22. (jap.; engl. Zusammenfass.)
Koršak, V. V., Kocoeva, N. N., Rodė, V. V.: Über die Besonderheiten der Oxydation von Polybenzimidazolen. Dokl. Akad. Nauk SSSR (Ber. Akad. Wiss. UdSSR) **209** (1973) 2, S. 356–359.
Haas, H. C., Schuler, N. W., MacDonald, R. L.: Oxydiertes Polyäthylenimin. J. Polymer Sci.: Polymer Chem. **10** (1972) 11, S. 3143–3158.
Grassie, N., McGuchan, R.: Prylose von Polyacrylnitril und verwandten Polymeren. VIII. Copolymere des Acrylnitrils mit Vinylacetat, Vinylformiat, Acrolein und Methylvinylketon. European Polymer J. **9** (1973) 2, S. 113–124.

Physik und Chemie der Monomeren und Oligomeren

Nishijima, Y., Fukushima, M.: Untersuchung des Mechanismus der Urethanbildungsreaktion in Dimethylformamid. Kobunshi Kagaku, Tokyo (Chem. High Polymers) **30** (1973) 333(1), S. 13–17. (jap; engl. Zusammenfass.)
Neues Terephthalsäureverfahren bei der Fa. Lummus. Chem. engng. News **51** (1973) 14, S. 10.
Tsushida, E., Mishima, K., Kitamura, K., Shinohara, I., Mimashi, S.: Computer-Simulation für das Cooligomerisationssystem. J. Polymer Sci.: Polymer Chem. **10** (1972) 12, S. 3627–3637.
Tsuchida, E., Mishima, K., Kitamura, K., Shinohara, I.: Abweichungen von der statistischen Zusanmensetzung bei Cooligomeren aus Styrol und Methylmethycralat. J. Polymer Sci.: Polymer Chem. **10** (1972) 12, S. 3615–3625.

Polymerisation

Huang, Ch.-R., Wang, H.-H.: Theoretische Reaktionskinetik der reversiblen Polymerisation mit einer linearen Zeitabhängigkeit der Geschwindigkeitskonstanten. J. Polymer Sci.: Polymer Chem. **10** (1972) 10, S. 2913 bis 2917.
Sung Il H., Kurosaki, T., Okawara, M.: Synthesen von Polyurethanen aus Oximen und ihr photochemischer Abbau. J. Polymer Sci.: Polymer Chem. **10** (1972) 11, S. 3405–3419.
Tomita, K., Ida, H.: Untersuchungen zur Bildung von Polyäthylenterephthalat. 2. Umesterungsgeschwindigkeit von Dimethylterephthalat mit Äthylenglykol. Polymer, London **14** (1973) 2, S. 55–60.
Takekoshi, T.: Polyorthocarbonate. J. Polymer Sci.: Polymer Chem. **10** (1972) 12, S. 3509–3518.
Koršunov, V. V., Charitonov, V. M., Speranskij, A. A., Kudrjavcev, G. I.: Untersuchung der Polyamidierung von ε-Caprolactam in Gegenwart von Polycarbonat. Chim. Volokna (Chem. Fasern) (1973) 2, S. 18–19.
Febalk, V. V., Gerbič, V. I., Lisicyn, D. M., Čirkov, N. M.: Kontinuierliche Copolymerisation von Äthylen mit Propylen in Gegenwart des homogenen katalytischen Systems: Vanadiumtriacetylacetonat Diisobutylaluminiumchlorid. Vysokomol. Soed. (Hochmol. Verbind.) Serie A **15** (1973) 3, S. 570–574.
Skorochodov, S. S., u. a.: Synthese und Eigenschaften von Polymeren des 1,2-disubstituierten Äthylens. Nuova Chimica, Milano **49** (1973) 3, S. 57–58.
Tho, Ph. Qu., Taieb, M.: Komplexbildung von Vinylchlorid durch Tetrahydrofuran und n-Butyraldehyd: Untersuchung durch hochauflösende magnetische Kernresonanz. J. Polymer Sci: Polymer Chem. **10** (1972) 10, S. 2925–2934.
Ueda, T., Takeuchi, K., Kato, M.: Polymerteilchenbildung bei der Suspensionspolymerisation von Vinylchlorid und Vinylacetat. J. Polymer Sci.: Polymer Chem. **10** (1972) 10, S. 2841–2852.
Semčikov, Ju. D., Rjabov, A. V., Chvatova, N. L., Mil'čenko, E. N.: Einfluß von Salzen auf die Copolymerisation von Estern und Nitrilen der Acryl- und Methacrylreihe. Vysokomol. Soed. (Hochmol. Verbind.) Serie A **15** (1973) 3, S. 451–453.
Lačinov, M. B., Abu-ė'-Chair, B. M., Zubov, V. P., Kabanov, V. A.: Untersuchung der Kinetik der radikalischen Polymerisation von Methylmetharylat in Gegenwart von $ZnCl_2$ und $AlBr_3$. Vysokomol. Soed. (Hochmol. Verbind.) Serie A **15** (1973) 3, S. 504–515.
Lando, J. B., Semen, J.: γ-Strahlungsinitiierte Nachpolymerisation von Methacrylsäure im festen Zustand. J. Polymer Sci.: Polymer Chem. **10** (1972) 10, S. 3003–3016.
Ouchič T., Otsuka, S., Imoto, M.: Über die mit dem System Cellulose verschiedener Kettenlängen, Cu(II)-Ion und Wasser initiierte Polymerisation von Methylmethacrylat. Kobunshi Kagaku, Tokyo (Chem. High Polymers) **30** (1973) 333(1), S. 46–50. (jap; engl. Zusammenfass.)
Hoke, D. I., Robins, R. D.: Herstellung und Polymerisation von 3-Acrylamid-3-methylbutansäure. J. Polymer Sci.: Polymer Chem. **10** (1972) 11, S. 3311–3315.
Geller, B. Ė., Slivčenko, T. M., Frolov, S. S.: Untersuchung des Einflusses von Verunreinigungen im Acrylnitril auf dessen Copolymerisation mit Methylacrylat und Natriumitaconat. Chim. Volokna (Chem. Fasern) (1973) 2, S. 5–7.
Koršak, V. V., Frunze, T. M., Izyneev, A. A., Samsonova, V. G.: Copolycyclotrimerisation von Isophthalnitril mit Benzolnitril. Dokl. Akad. Nauk SSSR (Ber. Akad. Wiss. UdSSR) **209** (1973) 4, S. 862–865.
Noma, K., Niwa, M., Morita, K.: Radikalcopolymerisation von Butylvinyläther mit Acrylnitril. Kobunshi Kagaku, Tokyo (Chem. High Polymers) **29** (1972) 332(12), S. 907–911. (jap; engl. Zusammenfass.)
Bitcenko, M. I., Podolskij, A. F., Chvostik, G. M., Sokolov, V. N. (Schreibw. i. Orig.: *Bitsenko, M. I., Podosky, A. F., Khvostik, G. M.*): Polymerisation von α-Methylstyrol durch n-Butyllithium in Tetrahydrofuran. J. Polymer Sci.: Polymer Chem. **10** (1972) 11, S. 3205–3215.
Kikuchi, M., Kakurai, T.: Metallisierung von Poly(styrol-co-p-benzylstyrol) und Pfropfpolymerisation von Methylmethacrylat unter Anwendung des metallisierten Polymeren als Initiator. Kobunshi Kagaku, Tokyo (Chem. High Polymers) **29** (1972) 332(12), S. 911–918. (jap.; engl. Zusammenfass.)
Judkin, B. I., Chlebnikov, B. M., Olejnikova, K. N., Filatov, I. S., Soldatova, N. P., Gricev, V. P., Kuklin, O. P.: Polyphenylenoxid einheimischer Produktion „ARILOKS". Plast. Massy, Moskva (Plast. Massen) (1973) 2, S. 41–45.
Mulvaney, J. E., Sasaki, Y.: Blockcopolymerbildung aus Phenylvinylencarbonatcopolymeren. J. Polymer Sci.: Polymer Chem. **10** (1972) 12, S. 3503–3508.
Kothandaraman, H., Srinivasan, K. S., Santa Vppa, M.: Durch Azidopentamminkobalt (III)-chlorid photoinitiierte Polymerisation von N-Vinylpyrrolidon. J. Polymer Sci.: Polymer Chem. 10 (1972) 12, S. 3685 bis 3687
Panzik, H. L., Mulvaney, J. E.: Polyampholytsynthese durch Cyclopolymerisation. J. Polymer Sci.: Polymer Chem. **10** (1972) 12, S. 3469–3487.
Kobayashi, N., Fujisawa, T.: Schwefelhaltige Polymere. V. Herstellung von Polyoxycarbonylsulfenamiden durch Polykondensation von Bis-oxycarbonylsulfenylchloriden mit Diaminen. VI. Herstellung von Polyalkylen-bis-oxycarbonyl-disulfiden und ähnlicher Polymerer. J. Polymer Sci.: Polymer Chem. **10** (1972) 11, S. 3165–3171; 3317–3317–3327.
Biehle, R. P., Higgins, J.: Alkylierte Polypyrazine. J. Polymer Sci.: Polymer Chem. **10** (1972) 10, S. 2919–2923.

II. Faserstoffe. Ausgangsstoffe usw.

Decker, V.: Verarbeitung von Polyester-hsr in Mischung mit Flachsanteilen für Obertrikotagen. Textiltechnik, Leipzig **23** (1973) 3, S. 158–161.

Naturfaserstoffe

Pflanzliche Faserstoffe

Wegener, W., Vogt, H. J.: Beurteilung großer Masseabweichungen von Flachs- und Jutegarnen. Textil-Praxis internat. **28** (1973) 3, S. 139–141.

Tierische Faserstoffe

Blankenburg, G., Müller, M., Philippen, H., Zahn, H.: Unterscheidung von Pferde- und Rinderhaar auf Grund verschiedener chemischer und physikalischer Eigenschaften. Melliand Textilber. internat. **54** (1973) 3, S. 198–203.
Pugač, B. M., Sorokin, E. Ja., Kotylevskaja, V. G., Drejzenštok, G. S., Rašbam, Ja. Ju., Bondareva, L. N., Nikulina, V. A.: Gewinnung von resorbierbarem Nähmaterial aus Tiersehnen. Chim. Volokna (Chem. Fasern) (1973) 2, S. 77.

Chemiefaserstoffe

Kól, M.: Einige Probleme der Entwicklung der Chemiefaserstoffe und deren Anwendung in der tschechoslowakischen Textilindustrie. Textil, Praha **28** (1973) 1, S. 3–5.

Cellulose und Zellstoff

Osovskaja, I. I., Dymarčuk, N. P.: Thermochemische Untersuchung der Umsetzung von Vorhydrolysesulfatzellstoff mit wäßrigen Natronlaugen. Z. prikl. Chimii (Z. angew. Chemie) **46** (1973) 2, S. 441–443.

Regeneratfaserstoffe

Mirkus, K. A., Voronenko, S. M., Bragina, T. A.: Abschätzung des Fehlers bei der Bestimmung der Fällbadzirkulation anhand der Konzentrationsabnahme der Schwefelsäure. Chim. Volokna (Chem. Fasern) (1973) 2, S. 71–72.
Danilin, G. A., Kovalev, G. D., Serkov, A. T.: Zum Einfluß der Flüssigkeitsabscheidung aus dem Faserstoff auf die hydrodynamischen Gesetzmäßigkeiten während des Erspinnens. Chim. Volokna (Chem. Fasern (1973) 2, S. 76–77.
Ščeglov, P. P., Ioffe, T. A., Pen'kova, M. P., Tjuganova, M. A.: Die Untersuchung der gasförmigen Bestandteile von Zersetzungsprodukten flammfester Viskosefasern. Faserforsch. u. Textiltechnik **24** (1973) 4, S. 147–150.
Efremova, Ė. P., Zubachina, N. L., Šop, M. E., Čančikova, O. D.: Zur Entfernung von Tensiden aus Viskosecord. Chim. Volokna (Chem. Fasern) (1973) 2, S. 69–70.
Sokolovskij, B. M., Serkov, A. T., Kalitin, V. A.: Kontaktverfahren zum Waschen von Viskosecordseiden. Chim. Volokna (Chem. Fasern) (1973) 2, S. 26–27.
Načinkin, I.: Zur Form des Querschnitts von Chemiefaserstoffen. Chim. Volokna (Chem. Fasern) (1973) 2, S. 28–29.
Umarova, L. N., Chamraev, A. L., Geller, B. E.: Faserstoff aus Carboxylmethylcellulose. Chim. Volokna (Chem. Fasern) (1973) 2, S 64.

Synthetische Faserstoffe

Filipescu, I.: Synthesefaserstoffe, Faserstoffe der Zukunft. Ind. textilă, Bucureşti **24** (1973) 2, S. 73–77.
Stalevič, A. M.: Intensität der Relaxationsvorgänge in statisch belasteten hochorientierten synthetischen Faserstoffen. Mech. Polimerov, Riga (Mech. der Polymeren) (1973) 1, S. 154–157.
Müller, S., Braun, P.: Einsatz von Schrumpffasern im textilen Bereich. Technologische und färberische Eigenschaften. Melliand Textilber. internat. **54** (1973) 3, S. 258–263.
Meškov, Ja. A., Ambajnis, Ja. Ja., Il'in, V. I.: Einsatz der Dampfabsaugvorrichtung EPK-1 beim Erspinnen von Kapronmonofil. Chim. Volokna (Chem. Fasern) (1973) 2, S. 67–69.
Koslowski, H.-J.: Permanent antistatische Polyamid-Teppichgarne. Chemiefasern/Textil-Ind. **23/75** (1973) 3, S. 189–200.
Zgibneva, Ž. A., Ubsjdullaev, B. Ch., Geller, A. A., Geller, B. Ė.: Modifizierung von Polyacrylnitrilfaserstoff mittels Kupfer-, Quecksilber- und Silberionen. Chim. Volokna (Chem. Fasern) (1973) 2, S. 16–18.
Einsatz von Polyacrylnitrilfaserstoffen nimmt bei Maschentextilien, Heimtextilien und Bettwäsche zu. Japan Textile News (1972) 214, S. 23–25.
Golik, A. Z., Zabašta, Ju. F., Genina, M. A., Tverdochleb, V. S., Zubovič, K. A.: Über den Zusammenhang der α''-Hochtempcratur-Relaxation in Polyformaldehydfäden mit ihrer übermolekularen Struktur. Mech. Polimerov, Riga (Mech. der Polymeren) (1973) 1, S. 178.

Gonczarowa, E. W.: Eigenschaften, Verarbeitung und Einsatz von Polypropylenseiden zur Herstellung von Erzeugnissen mit unterschiedlichem Verwendungszweck. Przegl. włókienn. (Textil-Rdsch.) **26** (1972) 11, S. 623–624.
Das Fibrillierverfahren. Polypropylenfasern aus Folie. Textilbetrieb **91** (1973) 1/2, S. 41–42.

Ausgangsstoffe. Schaumstoffe. Kautschuk

PRD-49: Eine neue Verstärkungsfaser nicht nur für den Flugzeugbau. Kunststoff-Berater **18** (1973) 1, S. 46–48.
Prelini, G.: Kunstleder und Kunsthäute. Textilia, Milano **49** (1973) 3, S. 35–40.

III. Fäden-Herstellungstechnologien

Spinnerei. Zwirnerei

Spinnereivorbereitung

Singh, A., Swani, N. M.: Quantitative Analyse der Kardierwirkung durch Deckel und Abnehmer in einer Wanderdeckelkarde. J. Textile Inst. **64** (1973) 3, S. 115–123.
Wendt, K.: Ganzstahlgarnituren in der Hochleistungskarderie und Krempelei. Melliand Textilber. internat. **45** (1973) 3, S. 197.
Haddad, N.: Der Servo-Card-Apparat. Textilia, Milano **49** (1973) 3, S. 11 bis 14.
Vor dem Kardieren mischen. Textilbetrieb **91** (1973) 1/2, S. 57.
Einfluß des Kämmens auf die Häufigkeit von Garnfehlern. Textilia, Milano **49** (1973) 3, S. 19–21.
Safránek, J.: Reinigungsanlage der Baumwollabfälle Hergeth UR 1000. Textil, Praha **28** (1973) 3, S. 110–111.

Spinnerei

Szarowa, T. N.: Neuheiten auf dem Gebiet des Verspinnens von Faserstoffen. Przegl. włókienn. (Textil-Rdsch.) **26** (1972) 11, S. 624–626.
Skibiński, R.: Einfluß der Regulierung des Turbostaplers auf die Veränderung der textilphysikalischen Eigenschaften von Fasern und die Intensität des Entstaubens von Anilana in den technologischen Prozessen. Technik włókienn. (Textiltechn.) **21** (1972) 12, S. 371–374.
Watine, P.: Über das Offen-End-Spinnen. Ind. textile, Paris (1973) 1019, S. 21–23.
Kleinhansl, E.: Zur Frage der Wirtschaftlichkeit des OE-Spinnverfahrens. Textil-Praxis internat. **28** (1973) 2, S. 65–70.
Bevorstehende Inbetriebnahme von Repco-Spinnmaschinen. Ind. textile, Paris (1973) 1019, S. 24.

Zwirnerei

Smigielski, E.: Garnneuheiten in wollenen Nadelflorteppichen. III. Zwirn- und Mischgarne. Textile Inst. Ind. **11** (1973) 3, S. 77–78.

Erzeugnisse der Spinnerei und Zwirnerei

Ciuchină, V., Munteanu, Beatrice, Florescu, N., Roll, M., Cojocaru, M.: Bestimmung der Technologie zur Herstellung synthetischen Nähzwirnes für die Konfektion von Leder und Textilien. Ind. textilă, București **24** (1973) 2, S. 78–85.
Jurkevičjus, S. I., Jankunas, A. A., Indrjunas, Ju. P., Tunajtis, P. A., Trykov, P. P.: Untersuchung der bleibenden zyklischen Reißdeformierung von verstärktem Baumwollgarn. Izv. vysšich uč. Zav. Technol. tekstil. Prom. (Hochschulnachr. Technol. Textil-Ind.) (1972) 6, S. 26–30.
Tichomirova, A. I.: Die Länge als ein Faktor, der die Fasermigration im Garn beeinflußt. Izv. vysšich uč. Zav. Technol. tekstil. Prom. (Hochschulnachr. Technol. Textil-Ind.) (1972) 6, S. 79–81.

Texturfäden

Mikroskopische Bestimmung der Deformationshäufigkeit falschdrahttexturierter Garne. Melliand Textilber. internat. **54** (1973) 3, S. 288.
Pozdnikina, L. A., Smirnov, L. S., Nosov, M. P.: Schrumpfung von Polyamid-Texturfäden beim Kochen. Izv. vysšich uč. Zav. Technol. legkoj Prom. (Hochschulnachr. Technol. Leichtind.) (1972) 6, S. 44–47.
Kubacki, Z.: Einfluß der Texturierprozesse von Bistor und Elastor und des Verzugsgrades von Torlen auf die thermische Schrumpfung dieser Garne. Przegl. włókienn. (Textil-Rdsch.) **26** (1972) 10, S. 565–572.

IV. Flächengebilde-Herstellungstechnologien

Petrov, M. I.: Hauptentwicklungsrichtungen der Textilgalanterieindustrie. Tekstil. Prom., Moskva (Textil-Ind.) **32** (1972) 12, S. 70–73.

Materialvorbereitung

Gebald, G.: Die moderne Spulerei im Webereibetrieb. Textil-Praxis internat. **28** (1973) 2, S. 73–76.
Vroomen, F., Francise, Ch.: Untersuchungen über den Nutzeffekt von automatischen Spulmaschinen durch Simulation. Textil-Praxis internat. **28** (1973) 2, S. 85–87.
Mironov, V. P., Bykadorov, R. V., Kirilenko, B. D., Efremov, R. D.: Garnspannung bei axialem Abwinden von unbeweglichen und rotierend Garnkörpern. Izv. vysšich uč. Zav. Technol. tekstil. Prom. (Hochschulnachr. Technol. Textil-Ind.) (1972) 6, S. 85–87.
Pöhlmann, K.: Ergänzung zum Aufsatz „Moderne Mittel und Methoden zum Schlichten von Chemiefasern". Melliand Textilber. internat. **54** (1973) 3, S. 205.

Weberei

Rozumowski, S. I.: Hauptentwicklungsrichtungen der Weberei in der Wollindustrie. Przegl. włókienn. (Textil-Rdsch.) **26** (1972) 11, S. 634–635.
Kirmse, H., Döge, H.: Betrachtungen zur Technik und Produktivität von Rundwebmaschinen zur Herstellung von Schlauchgeweben aus Polyolefin-Foliefäden. Textiltechnik, Leipzig **23** (1973) 2, S. 88–92.

Weberei-Technologie

Schmitz, K.: Die Wirtschaftlichkeit der Rutengreifer-Webmaschine. Textil-Praxis internat. **28** (1973) 2, S. 82–84.

Erzeugnisse der Weberei

Křivohlávek, V.: Neue Artikel, vom Gesichtspunkt der Gebrauchseigenschaften aus betrachtet. Inform. Přehled. Výzkumný Úst. Lýkových Vláken, Šumperk (Inform.-Übers. Bastfaserforsch.-Inst.) (1972) 2/3, S. 16–28. (m. dt., franz., engl., russ. Zusammenfass.)
Vonberg, H.: Technik zum Weben cloquéartiger Gewebe. Ind. textiel, Paris (1973) 1019, S. 25–29.
Blinkin, A. V.: Mehrfaktoren-Korrelationsmodell des Gewebegroßhandelspreises. Izv. vysšich uč. Zav. Technol. tekstil. Prom. (Hochschulnachr. Technol. Textil-Ind.) (1972) 6, S. 22–24.

Wirkerei und Strickerei. Konfektionstechnik. Sonstige Technologien

Weber, K.-P.: Die Wirkerei und Strickerei. Technologische und bindungstechnische Grundlagen. Melliand Textilber. internat. **54** (1973) 3, S. 251 bis 257.
Konstruktion von Doppelgestrick. Teil 3. Textile Ind. **136** (1972) 10, S. 124, 128, 130, 132–134.
Bradley, S. B.: Herstellung regulär gearbeiteter Maschenkleidung. Teil 3. Knitting Times **41** (1972) 49, S. 43–48.

Wirkerei- und Strickerei-Technologie

Herrmann, G., Naumann, W.: Wege zur Rationalisierung geistiger Tätigkeitskomponenten bei der Mehrmaschinenbedienung von Wirkautomaten. Textiltechnik, Leipzig **23** (1973) 3, S. 170–174.
Schäch, W.: Berechnung der Musterfelder bei Jacquard-Rundstrickmaschinen mit Musterrädern. Textil-Praxis internat. **28** (1973) 3, S. 148 bis 149.
Schuch, W.: Raschelmaschinen für textile Bodenbeläge. Chemiefasern/Textil-Ind. **23/75** (1973) 3, S. 220–223.

Erzeugnisse der Wirkerei und Strickerei

Westmoreland, K.: Überwachungsmöglichkeiten der Geschäftsleitung in der Rundstrickerei: Gütekontrolle. Knitting Times **41** (1972) 48, S. 48 bis 50.
Radzievskij, V. A., Gržibovskij, V. V.: Über die Verschiebungen von Trikotstoffen an den Maschenbildungsorganen im Kettenwirkprozeß. Izv. vysšich uč. Zav. Technol. legkoj Prom. (Hochschulnachr. Technol. Leitind.) (1972) 6, S. 120–124.
Innes, R.: Stricken von Jacquard-RR-Meterware: Eine Hauptrichtung. Teil 2. Knitting Times **41** (1972) 47, S. 71–73.
Mueller, K.: Inangriffnahme der Entwicklung von Erzeugnissen durch die Cotton AG. Einführung von gemeinsam mit der Industrie entwickelten Textilien. Mod. Textiles Mag. **54** (1973) 1, S. 76–79.
Kazuo, K.: Neue Möglichkeit bei einer Rundstrickmaschine. Japan Textile News (1972) 214, S. 37–38.
Einsatz von Polyestergarnen von Reißconverter für gestrickte Herrenanzüge. Mod. Textiles Mag. **53** (1972) 12, S. 46, 48–49.

Konfektion

Pastušenko, L. N., Skira, A. A.: Über den Einfluß der Organisationsfaktoren auf die Arbeitsproduktivität in der Konfektionsindustrie. Mitt. 1. Izv. vysšich uč. Zav. Technol. legkoj Prom. (Hochschulnachr. Technol. Leichtind.) (1972) 6, S. 15–19.
Mecheels, J.: Untersuchung zur Gestaltung von Berufsbekleidungs-Kombinationen für Außenberufe mit optimaler funktioneller Wirkung. Bekleid. u. Wäsche **25** (1973) 5, S. 321–329.

Textilverbundstoffe

Faserverbundstoffe. Vliesstoffe

Jędrzejewski, W.: Bemerkungen zur Organisation der Vliesstoffproduktion. Technik włókienn. (Textiltechn.) **21** (1972) 12, S. 395–396.
Hydrodynamische Methode der Erzeugung ungewebter Vliesstoffe. Textil, Praha **28** (1973) 3, S. 93–95.
Reif, K.-A., Lasch, G., Heinze, A., Hübner, W.: Entwicklung eines Elementarfadenvliesstoffes. Textiltechnik, Leipzig **23** (1973) 2, S. 82–88.
Szalkowski, Z.: Untersuchungen zum Einsatz von Fasern aus fibrillierter Polypropylenfolie zur Herstellung von Schrumpfvliesstoffen. Przegl. włókienn. (Textil-Rdsch.) **26** (1972) 10, S. 562–655.

Fadenverbundstoffe

MALIMO im Blickpunkt der Oberbekleidung. Textiltechnik. Leipzig **23** (1973) 3, S. 183–185, 187.

V. Textilveredlung

Machnowska, Z., Morawicz, J.: Einfluß der Veredlungs-Thermobehandlung auf einige textilphysikalische und chemische Eigenschaften von Anilana. Przegl. włókienn. (Textil-Rdsch.) **26** (1972) 12, S. 678–684.

Farbstoffe. Textilhilfsmittel

Vinogradova, O. B., Ljakišev, B. M., Mel'nikov, B. N.: Adsorption und Diffusion des Farbstoffes in der Faser im Stadium des Bildens der Oberflächen-Adsorptionsschicht. Izv. vysšich uč. Zav. Technol. tekstil. Prom. (Hochschulnachr. Technol. Textil-Ind.) (1972) 6, S. 101–104.
Linke, W.: Der Einfluß von Spulölen und Präparationen auf die Herstellung und das Laufverhalten von Garnen. Textil-Praxis internat. **28** (1973) 2, S. 99–101.
Aminimide haben weite kommerzielle Möglichkeiten. Chem. engng. News **51** (1973) 13, S. 11–12.
Ramaszeder, K.: Rheologische Untersuchung von Stärke-Alginat-Schlichten und Druckverdickungen. Melliand Textilber. internat. **54** (1973) 3, S. 212–217.

Bleicherei. Sonstige Vorbehandlungsarbeiten der Textilveredlung

Schmidt, O.: Kaltverweilbleiche und einstufige reduktive Vollbleiche von Wolle. Textil-Praxis internat. **28** (1973) 3, S. 164–166.
Rösch, G.: Zur Anwendung optischer Aufheller in der Textilindustrie. Textilbetrieb **91** (1973) 1/2, S. 66–68.
Neveling, V., Sebb, W.: Die Behandlung von Textilgut unter Normaldruck bei erhöhter Temperatur. Textilbetrieb **91** (1973) 1/2, S. 58–64.

Färberei

von der Eltz, H.-U., Reuther, A.: Ein Vergleich von HT-Baumfärbeapparaturen mit Jet-Färbeanlagen. Textil-Praxis internat. **28** (1973) 3, S. 150 bis 152.
von der Eltz, H.-U.: Mehr Sicherheit im Thermosol-Verfahren. IV. Hat die HT-Dampf-Fixierung in der Thermosol-Färberei eine Bedeutung? Textil-Praxis internat. **28** (1973) 2, S. 105–108.
Powell, F.: Anwendung eines einmaligen Farbstoffsortimentes. Textile J. Australia **47** (1972) 11, S. 22, 25–30.

Kraska, Jan, Czajkowski, Wojciech: Theoretische Grundlagen der Anwendung von Reaktivfarbstoffen im Prozeß des Färbens von Cellulosefasern. Przegl. włókienn. (Textil-Rdsch.) **26** (1972) 10, S. 587–593.

Lejtes, E. B., Rozinskaja, C. Ja., Belen'kij, L. I.: Untersuchung des Färbeprozesses von Cellulosefasermaterialien mit binären Küpenfarbstoffgemischen. Izv. vysšich uč. Zav. Technol. tekstil. Prom. (Hochschulnachr. Technol. Textil-Ind.) (1972) 5, S. 113–116.

Dailly, G.: Untersuchung bestimmter Beschleuniger beim Kontinuefärben von Polyacrylfaserstoffen. Ind. textile, Paris (1973) 1019, S. 17–19.

Morozova, L. N., Androsov, V. F., Starikovič, E. E., Kočubej, A. A.: Untersuchung des Einflusses der Bedingungen des Färbens mit Küpenfarbstoffen auf die Lichtechtheit der Färbungen und die textilphysikalischen Eigenschaften von Polypropylenfasern. Izv. vysšich uč. Zav. Technol. tekstil. Prom. (Hochschulnachr. Technol. Textil-Ind.) (1972) 6, S. 104 bis 108.

Druckerei

Drucken von scharfen und feinen Konturen mit Rotationsschablonen. Melliand Textilber. internat. **54** (1973) 3, S. 270–271.

Baron, Z.: Druckverdickungen für den Filmdruck. Ind. textilă, București **24** (1973) 2, S. 110–117.

Zimmer, P.: Der Teppichdruck auf neuen Wegen. Textil-Praxis internat. **28** (1973) 3, S. 169–170.

Erhöhtes Interesse für den Umdruck. Japan Textiles News (1972) 214, S. 74–77.

Vellins, C. E.: Paletten für Umdrucke. Internat. Dyer, Textile Printer, Bleacher, Finisher **149** (1973) 1, S. 20–21.

Wolldruck. Internat. Dyer, Textile Printer, Bleacher, Finisher **149** (1973) 1, S. 19–20.

Homuth, H., Weyer, H.-J.: Das Bedrucken von Bodenauslegeware. II. Textil-Praxis internat. **28** (1973) 2, S. 102–104.

Ausrüstung. Trocknung

Jaganowa, W. I.: Ausrüstung und Eigenschaften von Geweben aus nach dem OE-Spinnverfahren hergestelltem Garn. Przegl. włókienn. (Textil-Rdsch.) **26** (1972) 11, S. 641–644.

Vorstellung der hauptsächlichen Krumpfmaschinen Japans. Japan Textile News (1972) 216, S. 38–39.

Subbotin, Ju. P.: Untersuchung der Filtereigenschaften von Wollgeweben unter Dekatierbedingungen. Izv. vysšich uč. Zav. Technol. tekstil. Prom. (Hochschulnachr. Technol. Textil-Ind.) (1972) 6, S. 152–154.

Stawicka, B., Ogorzalek, A., Mackewiak, J.: Einsatz von thermobeständigen Harzen zum Überziehen von Glasgeweben. Przegl. włókienn. (Textil-Rdsch.) **26** (1972) 10, S. 593–594.

Ivanova, G. V., Voronkov, M. G., Charcharov, A. A., Nožnova, E. P., Pokrovskij, E. I.: Kombination der schmutzabweisenden Behandlung von Textilien mit Natriumalumorganilsiliconaten mit einigen Hochveredlungsarten. Izv. vysšich uč. Zav. Technol. tekstil. Prom. (Hochschulnachr. Technol. Textil-Ind.) (1972) 6, S. 108–113.

Brysson, R. J., Walker, A. M., Cooper, A. S.: Herabsetzung des Abbaues von Flammverzögerungsmitteln durch Sonnenlicht. Textile Ind. **136** (1972) 10, S. 137, 139, 140–141, 154.

Lysek, E.: Versteifung von Huterzeugnissen. Technik włókienn. (Textiltechn.) **21** (1972) 12, S. 390–393.

Wäscherei. Chemische Reinigung

Fries, W.: Die 60 °C-Wäsche. Chemischreiniger/Wäscher/Färber-Ztg. **72** (1973) 2, S. 58–65; 3, S. 104–111.

Ueberschär, K.: Erfahrungen bei der Anwendung von Zweistufenwaschmitteln. Textilreinigung **20** (1973) 4, S. 107–109.

Stahlkopf, K.: Mietwäscheservice in den Einrichtungen des Gesundheitswesens. Textilreinigung **20** (1973) 3, S. 76–78.

Manow, G.: Erfahrungen der Direktbedienung in der Chemieschreinigung. Textilreinigung **20** (1973) 3, S. 70–72.

Monshausen, K.: Kritische Betrachtung der gewerblichen Reinigungsverfahren für textile Bodenbeläge. II. Reiniger + Wäscher **26** (1973) 3, S. 30–33.

VI. Werkstoffprüfung. Meß- und Prüftechnik. Standardisierung

Bredereck, K., Block, B.: Quellungsverhalten von Baumwollgewebe in organischen Lösemitteln. Melliand Textilber. internat. **54** (1973) 3, S. 263 bis 269.

Eigenschaften und Fehler der Textilmaterialien u. a.

Brodskaja, L. I., Geller, V. È.: Untersuchung der optischen Anisotropie über die Dicke von Polyestermonofil. Chim. Volokna (Chem. Fasern) (1973) 2, S. 48–50.

Čachojan, P. A., Grigorjan, V. N., Štejnberg, Ja. A., Stepanjan, È. L., Majboroda, V. I., Pogosov, Ju. L.: Elektrophysikalische Eigenschaften von modifizierten Acetatfaserstoffen. Chim. Volokna (Chem. Fasern) (1973) 2, S. 46–48.

Šošina, V. I., Nikonovič, G. V., Usmanov, Ch. U.: Untersuchung von Regeneratcellulosefaserstoffen anhand der Relaxation und Längenänderung in EWNN-Lösung. Chim. Volokna (Chem. Fasern) (1973) 2, S. 23–25.

Balod, Ja. Ja., Milašjus, V. M.: Untersuchung der Relaxationserscheinungen bei der biaxialen Dehnung von Viskosefasergeweben. Izv. vysšich uč. Zav. Technol. tekstil. Prom. (Hochschulnachr. Technol. Textil-Ind.) (1972) 6, S. 39–43.

Bondarenko, V. S., Karslieva, V. I.: Einfluß des Orientierungsreckens von Polyamidfäden auf ihr elektrokinetisches Potential. Chim. Volokna (Chem. Fasern) (1973) 2, S. 41–43.

Rybakova, L. E., Egorov, B. A., Gržimalovskij, A. S., Kučinka, M. Ju., Judin, A. V.: Untersuchung der Scheuerfestigkeit von Polyformaldehydfäden. Chim. Volokna (Chem. Fasern) (1973) 2, S. 38–39.

Wagner, C. D.: Zur Beeinflussung des Glanzes von textilen Flächengebilden. Textil-Praxis internat. **28** (1973) 3, S. 160–163.

Yukito, M.: Tatsachen über flammfesten Polyesterfaserstoff. Japan Textile News (1972) 214, S. 66–69.

Godehn, D. J.: Wie Faser „konstruiert" wird. Mod. Textiles Mag. **53** (1972) 12, S. 60–65.

Schödel, E. O.: Wie beeinflussen Spinnpräparationen, Avivagen und Spulöle die Lichtechtheit optischer Aufheller auf Polyamid? Textilbetrieb **91** (1973) 3, S. 74–78.

Meß- und Prüftechnik

Oornelissen, J., Waterman, J. A.: Die Viskositäts-Temperatur-Beziehung von Flüssigkeiten. III. Über den Zusammenhang zwischen den Konstanten von Viskositäts-Temperatur-Gleichungen mit drei Konstanten. Materialprüfung **15** (1973) 4, S. 131–133.

Beevers, R. B.: Refraktometrische Methode zur Bestimmung der Polyurethan-Harz-Konzentration in Behandlungsbädern. J. Textile Inst. **64** (1973) 3, S. 124–127.

Kobza, W.: Numerische Lösung des Problems großer Verformungen von orthotropen nichtlinearen Membranen. Zesz. nauk. Politechn. Łódźkiej (Wiss. H. Techn. Hochsch. Łódź) (1972) 151. Włókiennictwo (Textilind.) 24, S. 5–25.

Nitschke, G.: Die Harnstoff-Bisulfit-Löslichkeit und ihre Veränderung von der Rohwolle bis zum Garn. Melliand Textilber. internat. **54** (1973) 3, S. 282–287.

Simonenko, D. F.: Versuchsplanung bei der Untersuchung des Verschleißes von Trikotagen. Izv. vysšich uč. Zav. Technol. legkoj Prom. (Hochschulnachr. Technol. Leichtind.) (1972) 6, S. 31–35.

Emans, F. J.: Die Durchführbarkeit eines europäischen Teppich-Siegels. II. Die Suche nach einem fehlenden Glied. Textile Inst. Ind. **11** (1973) 3, S. 62–66.

Holy, G.: Untersuchung zur Lichtbeständigkeit von Polyamidseide. Teil II. Änderung textil-physikalischer und physikochemischer Parameter von Parameter von PA-S bei Lagerung im Licht. Textiltechnik, Leipzig **23** (1973) 3, S. 148–153.

Ragoza, I. V.: Theoretische Untersuchung des Einflusses der Drehung von Glasfäden beim Biegen auf die Verformbarkeit der Einzelfäden. Izv. vysšich uč. Zav. Technol. tekstil. Prom. (Hochschulnachr. Technol. Textil-Ind.) (1972) 6, S. 35–39.

Ajlova, G. N., Džermakjan, Ju. T.: Einfluß der Naßbehandlungen auf die Schrumpfung von Gewirken und Gestricken. Tekstil. Prom., Moskva (Textil-Ind.) 32 (1972) 12, S. 73–75.

Satlow, G.: Über die elektrostatische Aufladung bei Einsatz von textilen Fußbodenbelägen. Chemiefasern/Textil-Ind. **23/75** (1973) 3, S. 193–197.

Ein neues Verfahren zur Temperaturbestimmung an laufenden Fäden. Textilbetrieb **91** (1973) 1/2, S. 43–45.

Razikov, K. Ch., Peremkulova, Ch. T., Isamuchamedova, I. I., Usmanov, Ch. U.: Neues Verfahren zur Präparation von Cellulosefasern für die Untersuchung der Mikrostruktur. Vysokomol. Soed. (Hochmol. Verbind.) Serie A **15** (1973) 3, S. 703–705.

Standardisierung. Terminologie

Feather, D. G.: Bestimmung der Konstruktionseinzelheiten eines Florteppichs. Textile Inst. Ind. **11** (1973) 3, S. 71.

Eine Auswahl von SI-Einheiten, die der Textilindustrie zur Anwendung empfohlen sind. Textile Inst. Ind. **11** (1973) 3, S. 76.

Pulham, C. J.: Die Einführung des metrischen Maßsystems in die Textilindustrie: Ein praktischer Weg. Textile Inst. Ind. **11** (1973) 3, S. 72–75.

Neue Kennzeichnung von Textilien in Frankreich. VDI-Nachr. **27** (1973) 17, S. 51.

VII. Betriebstechnik. Ökonomie. Tagungsberichte und dgl.. Sonderfragen

Betriebstechnik

Bottler, J.: Die EDV als Risikofaktor. Melliand Textilber. internat. 54 (1973) 3, S. 245–250.

Talavásek, O.: Untersuchung und Entwicklung der Textilmaschinen. Textil, Praha **28** (1973) 1, S. 8–13.

Tybor, I. W.: Arbeitsmerkmale und Kriterien ihrer Einschätzung. III. Przegl. włókienn. (Textil-Rdsch.) **26** (1972) 10, S. 603–606.

Lojek, R.: Explosions- und Feuergefahr durch Dämpfe in Trockenanlagen der Textildruckereien im Zusammenhang mit der Anwendung der Emulsionsverdickungen. Textil. Praha **28** (1973) 2, S. 53–54.

Schwarz, E.: Die Probleme des Wasserhaushalts und des Gewässerschutzes aus der Sicht der chemischen Industrie. Melliand Textilber. internat. 54 (1973) 3, S. 301–304.

Verunreinigungsüberwachung über Abwasser. Japan Textile News (1972) 214, S. 78–81.

Sroka, P., Reineke, J.: Abwasserlandbehandlung im Bereich der Textilveredlung — zur Ökologie der Binnengewässer. Textil-Praxis internat. **28** (1973) 3, S. 171–173.

Ökonomie

Kretschmer, A.: Der kostenorientierte Produktionsfluß im modernen Textilveredlungsbetrieb. Melliand Textilber. internat. **54** (1973) 3, S. 271–274.

Trunov, A. F.: Ökonomische Effektivität der Kapitalinvestitionen in der Chemiefaserindustrie. Chim. Volokna (Chem. Fasern) (1973) 2, S. 60–62.

Chemikalien auf dem Weltmarkt: große Veränderungen, großer Zuwachs. Chem. engng. News **51** (1973) 8, S. 12, 14, 16–21.

Kopča, I.: Die Zusammenarbeit der UdSSR und der sozialistischen Länder auf dem Gebiet der Textilindustrie. Tekstil. Prom., Moskva (Textil-Ind.) **32** (1972) 12, S. 36–38.

Boheth, W.: Für die wissenschaftlich-technische Zusammenarbeit mit der DDR. Tekstil. Prom., Moskva (Textil-Ind.) **32** (1972) 12, S. 43.

Noble, P. G.: Textilprognose für die 70er Jahre. Textilbetrieb **91** (1973) 1/2, S. 35–37.

Sonderfragen

Zingel, H.-J.: Textile Datenbank will doppeltes Forschen vermeiden. VDI-Nachr. **27** (1973) 17, S. 18–19.

Beh, F.: Leitfaden der textilen Fertigung. Textil-Praxis internat. **28** (1973) 2, S. 71–72.

Beh, F.: Leitfaden der textilen Fertigung. Die Garnherstellung. Textil-Praxis internat. **28** (1973) 3, S. 131–132.

Kukin, G. N.: Entwicklung der wissenschaftlichen Arbeit an den Textilhochschulen in 50 Jahren des Bestehens der Sowjetunion. Izv. vysšich uč. Zav. Technol. tekstil. Prom. (Hochschulnachr. Technol. Textil-Ind.) (1972) 6, S. 8–14.

Rzadkowski, W.: Beurteilung der Faktoren, welche die Zusammenarbeit von Ökonomen und technischen Mitarbeitern beeinflussen. Przegl. włókienn. (Textil-Rdsch.) **26** (1972) 10, S. 600–603.